An Illustrated Guide to
Learn the Universe

Welcome to the universe

知れば知るほど
ロマンを感じる!

宇宙の教科書

寺薗淳也＋平松正顕
［監修］

ナツメ社

はじめに　寺薗淳也さんからのメッセージ

「宇宙」。

この言葉を聞いて、あなたは何を思い浮かべますか？

夜空に輝く満天の星々でしょうか。本のカラー写真で見た土星のリングでしょうか。あるいは月面を歩く宇宙飛行士の姿かもしれません。

私は、意外に思われるかもしれませんが、あまり星を見ずに育ちました。

宇宙の世界に入ったのは、テレビ番組で見た、探査機が捉えた美しい外惑星(木星や土星など)の姿がきっかけでした。その美しさに惹かれただけではなく、番組に出ていた若き研究者たちを見て、「いつか彼らのようになってみたい」という思いを抱いたのです。

私にとって宇宙は、「行けるからこそ好き」という面があります。宇宙なんて遠い、手の届かないところだと、みなさんは思われるかもしれません。でも、探査機という私たちの分身を使えば、木星や土星を越え、今や太陽系のはるか果てのほうまで、時間がかかっても行くことができるようになりました。

宇宙という言葉が最近、どんどん身近になっているように感じます。日本でも宇宙開発を手がけるベンチャー企業が続々と立ち上がっています。地球周辺の宇宙は、今や経済圏として、私たちの普段の暮らしに直結しています。

一方、遠い遠い彼方の宇宙は、いまだ私たちにとってロマンあふれる世界といってもよいでしょう。ブラックホールの謎、宇宙の果てのロマン、ダークマターの不思議。子どもから大人まで、誰もが疑問を描き、不思議さの虜になってしまいます。

この本では、そんな宇宙の世界をわかりやすくビジュアルにまとめてみました。月探査計画から10次元宇宙まで、あなたが思い描く宇宙を思い切り堪能できる本です。どこからでもページをめくってみてください。そこにはあなたを宇宙に連れて行ってくれるワクワクがたくさんあります。

さあ、私たちと一緒に、宇宙へと旅立ちましょう。

JAXAの広報担当時代に、種子島宇宙センターのロケット打ち上げのライブカメラ設置場所で撮影。JAXA時代は東京での広報業務のため、打ち上げを生で見たことがなかった（初めて見たのは2014年の「はやぶさ2」の打ち上げ）。

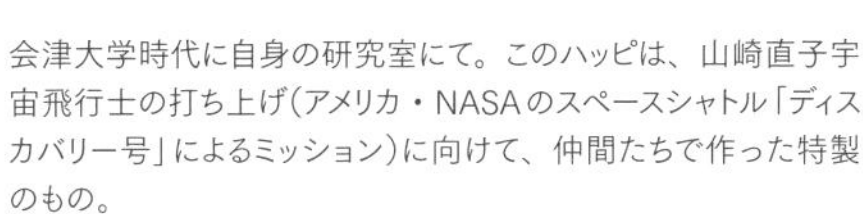

会津大学時代に自身の研究室にて。このハッピは、山崎直子宇宙飛行士の打ち上げ（アメリカ・NASAのスペースシャトル「ディスカバリー号」によるミッション）に向けて、仲間たちで作った特製のもの。

Contents

2章 ちょっと宇宙に行ってきます!

3章 夜空を肉眼で見る・望遠鏡で見る

4章 天文学者は今、何に注目している?

5章 宇宙の始まりと終わりを研究する

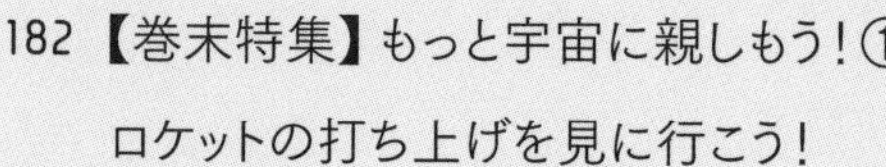

※本書の記述は2023年8月末時点での
情報に基づいています。

プロローグ

宇宙へようこそ！

最新鋭の宇宙望遠鏡がとらえた宇宙の絶景や、半世紀ぶりに人類を月に送るアルテミス計画の全貌など、宇宙のホットな話題をまずはお届けします。

平松正顕さんが選ぶ　宇宙の名所８選

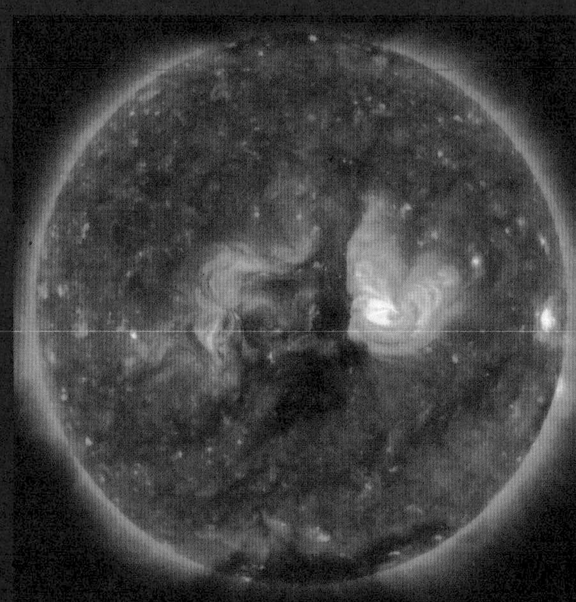

国立天文台/JAXA

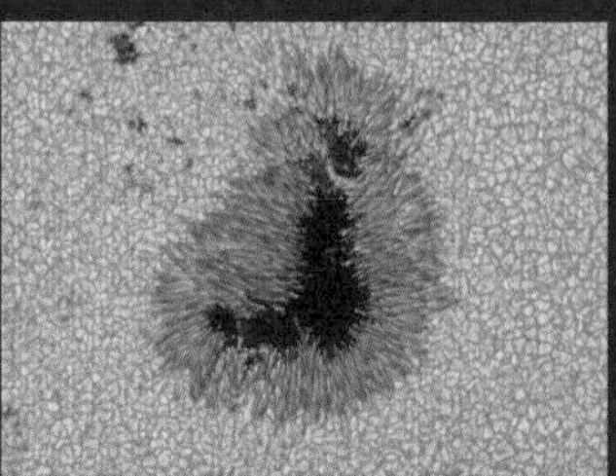

ひのでが超高解像度で撮影した太陽表面の黒点（周囲より暗いため、黒いほくろのように見える領域）。まるで日本列島のような形をしている。（国立天文台/JAXA）

激しく活動する太陽

上の画像は、太陽観測衛星「ひので」が撮影した、X（エックス）線で見た太陽の姿です。さまざまな縞模様や渦を巻いた模様が見えます。これは太陽が激しく活動している様子を表していて、明るい場所ほど、活動が激しい領域になっています。

太陽からやって来る可視光、つまり人間の目に見える光を観測した画像では、太陽の表面はのっぺりとしていて、ところどころに「ほくろ」のような黒点が見える程度です。それに対して、X線で見る太陽は非常にダイナミックな姿をしていることがわかります。

星を育む「宇宙の崖」

まるで、宇宙に浮かぶ峡谷のようです。これは地球から7600光年先にあるイータカリーナ星雲の一部で、コズミッククリフ(宇宙の崖)とも呼ばれています。

夜空を雲が覆っていると、星の光は見えません。宇宙の中にあるガスやちりの集まりである星雲も同じで、可視光による観測では、星雲の内部の様子はわかりません。しかしアメリカの最新鋭の宇宙望遠鏡「ジェームズ・ウェッブ」は、星雲からやって来る赤外線を観測して、その内部で多くの新たな星が生まれている様子を明らかにしました。星雲は星のゆりかごなのです。

1光年は光が1年間に
進む距離のことで
約9兆5000億kmだよ！

NASA, ESA, CSA, and STScI

惑星が生まれる現場

おうし座HL星は、地球から約450光年先にある若い星（恒星）です。この星からやって来る電波を、南米チリにあるアルマ望遠鏡が、人間でいえば視力2000に相当する驚異の解像度で観測しました。

中心にある恒星の周囲には、ちりでできた円盤が広がっています。円盤には、同心円状の黒いすき間が何本も写っています。このすき間の部分では、惑星が生まれつつあるのではないかと考えられています。惑星は恒星の周囲を回りながら、軌道上にあるちりやガスをかき集めて成長します。そのため、惑星の軌道がちりのないすき間となるのです。

ナンジャコリャ？

ALMA (ESO/NAOJ/NRAO)

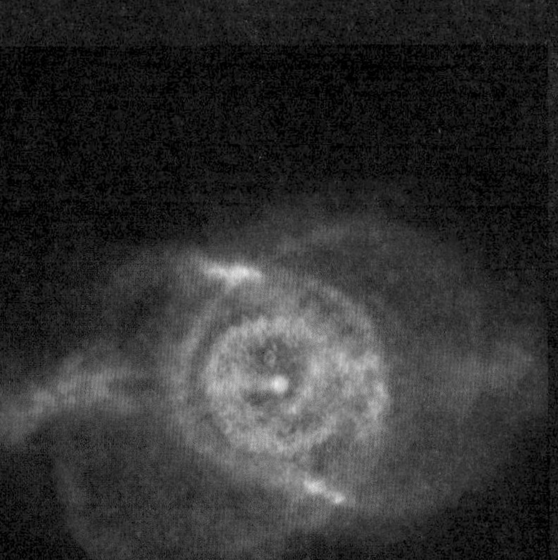

ALMA (ESO/NAOJ/NRAO), Olofsson et al.

星の最期の姿

何十億年も燃え続ける夜空の星々も、やがて燃えつき、死を迎えます。ケンタウルス座にあるHD 101584という星の最期の姿を、アルマ望遠鏡がとらえました。

じつはHD 101584は1つの星ではなく、巨大な星と小さな星がお互いに回り合っています。巨大な星が老年期に入り、それまでの何百倍もの大きさに膨れ上がって、もう一方の小さな星を飲み込みました。小さな星は巨大な星の中心部に落ちていき、その影響で巨大な星のガスがまき散らされて、このような姿になったのです。

無数の星のきらめき

数十万個から100万個もの星が球状に集まった球状星団は、その美しさで多くの天文ファンを魅了します。これはNGC 1898という球状星団の画像です。地球から約16万光年離れた大マゼラン雲という小さな銀河の中心付近にあり、アメリカのハッブル宇宙望遠鏡が撮影しました。

年齢が100億歳を超える非常に古い星たちからなる球状星団もあり、星の大集団である銀河の誕生初期から存在することが知られています。球状星団についての研究がさらに進めば、星や銀河の誕生や進化について、より多くのことがわかるでしょう。

ESA/Hubble & NASA

宇宙の美しい帽子

宇宙には、星の大集団である銀河が無数に存在します。地球から約3700万光年の彼方にあるソンブレロ銀河は、もっとも有名な銀河の1つです。メキシコのソンブレロというつばの広い帽子にそっくりであることから、その名がついています。

この画像は、ハッブル宇宙望遠鏡が撮影したものを再処理した画像です。それまでは明るくぼやけてわからなかったソンブレロ銀河の中心部が、よりはっきりと見えるようになりました。

Vicent Peris (OAUV / PTeam), MAST, STScI, AURA, NASA

銀河のバラ

　ハッブル宇宙望遠鏡が撮影したこの画像は、アンドロメダ座の方向約3億光年先にあるArp 273という天体です。2つの銀河が互いに重力をおよぼし合い、バラを思わせる美しい姿になっています。

　下側の銀河は、かつて上側の銀河と衝突し、すり抜けたと考えられています。こうしたものを衝突銀河といいます。銀河同士の衝突は宇宙で珍しいことではありません。私たちの天の川銀河も、遠い将来には隣のアンドロメダ銀河と衝突し、1つの大きな銀河に合体すると考えられています。

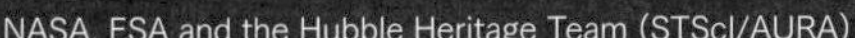

NASA, ESA and the Hubble Heritage Team (STScI/AURA)

画像の中に、円弧状に引き伸ばされた銀河の像がたくさん見える。これも重力レンズの効果によるものである。（NASA, ESA, CSA, and STScI）

宇宙の果てを見通す

銀河が100個以上集まった集団を銀河団といいます。地球から46億光年離れた銀河団「SMACS 0723」を、ジェームズ・ウェッブ宇宙望遠鏡が撮影しました。

画像の中央にあるこの銀河団の巨大な質量が、光を曲げる「重力レンズ」となることで、さらに遠くにある無数の銀河が周囲に写っています。もっとも遠い銀河は131億光年の彼方にあり、これは宇宙のほぼ最深部にあたります。私たちは宇宙の「果て」を見通せるようになったのです。

2025年、人類は再び月へ アルテミス計画のすべて

「再び月へ」の第1歩・アルテミス1

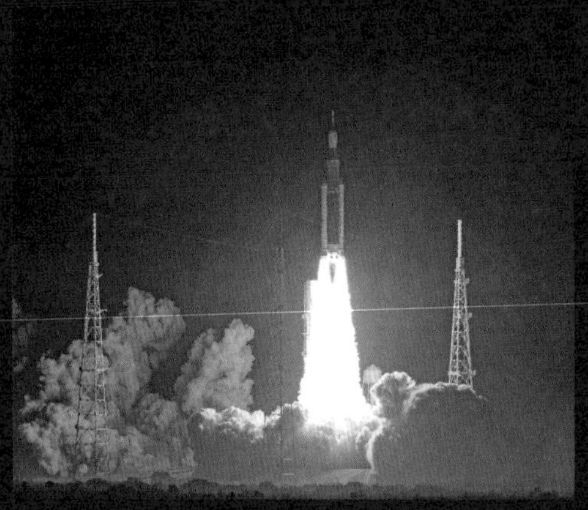

アメリカ・フロリダ州のケネディ宇宙センターから打ち上げられた、アルテミス1の新型ロケットSLS。(NASA/Bill Ingalls)

人類を再び月へ送ることを目指すアルテミス計画が、ついにスタートしました。2022年11月16日、最初のミッションであるアルテミス1の新型ロケット「SLS(スペース・ローンチ・システム)」が打ち上げに成功しました。SLSに積まれた新型宇宙船「オリオン」は、今回は人を乗せず、無人で月の周辺を飛行しました。そして同年12月12日、オリオン宇宙船は無事に地球に帰還したのです。

女性と有色人種の宇宙飛行士が月面に

続いて2024年にはアルテミス2の実施が予定されています。これはアルテミス1とほぼ同じ行程を有人で行うミッションです。4名の宇宙飛行士がオリオン宇宙船に搭乗し、生命維持装置のテスト等が行われます。

そして2025年(または2026年)に、「本番」であるアルテミス3が実施される見込みです。1972年のアポロ17号以来、約半世紀ぶりに人類が月面に帰還するのです。月の南極付近に、初の女性と初の有色人種の宇宙飛行士が降り立つ計画が発表されています。

月へと向かうオリオン宇宙船のイメージ画像。(NASA)

月上空の宇宙ステーション

アルテミス3に先だって、月の周回軌道上に宇宙ステーション「ゲートウェイ」が建設されます。アルテミス計画では、オリオン宇宙船はゲートウェイにドッキングし、宇宙飛行士はここで月着陸船「スターシップ」に乗り換えて月面に向かいます。ゲートウェイは将来、人類が火星に向かう際の宇宙港にもなる予定です。

月周回軌道上のゲートウェイ（右）にドッキングするオリオン宇宙船（左）のイメージ画像。（NASA/Alberto Bertolin）

月着陸船「スターシップ」

スターシップはイーロン・マスク氏が率いるスペースX社が開発中の、2段式の超大型ロケット兼宇宙船です。上側の第2段ロケットが宇宙船の役割を果たし、最大で100人が乗れることを目指しています。

アルテミス計画では、スターシップは月着陸船の役割も果たします。宇宙飛行士はゲートウェイでスターシップに乗り換えて、月面に着陸するのです。

月面に降り立ったスターシップ（HLS＝有人着陸システム仕様）のイメージ画像。（NASA/SpaceX）

アルテミス3の打ち上げから帰還まで

ARTEMIS III

Landing on the Moon

1 SLSに搭載されたオリオン宇宙船をケネディ宇宙センターから打ち上げる。宇宙飛行士は4名。

2 固体燃料ロケットブースター、フェアリング(ロケット上部の覆い)、緊急脱出システムを切り離して投棄する。

3 メイン推進装置であるコアステージのメインエンジンを停止し、その後コアステージを切り離す。

4 オリオンを地球周回軌道に投入し、軌道を調整する。システムをチェックし、太陽電池パネルを展開する。

5 オリオンにつながれた液体燃料推進ステージ(ICPS)を噴射して推力を得て、月に向かうコースに乗せる。その後、ICPSを切り離して投棄する。

6 オリオンが月に向かうコースを進む。軌道調整のためにエンジンを数回噴射する。

7 月から約110kmの地点をフライバイ(通過)する。

8 オリオンを月長楕円周回軌道(NRHO)に投入し、軌道上でゲートウェイにドッキングする。

9 ゲートウェイを経由して、2名の宇宙飛行士が月着陸船スターシップに乗り込む。

10 スターシップがゲートウェイから分離される。

11 スターシップが月を周回する低軌道に入り、高度を下げていく。

12 月の南極付近に着陸する。宇宙飛行士は約1週間滞在し、複数回の船外活動を実施する。

13 その間、オリオンは残り2名の宇宙飛行士とともにNRHOで待機する。

14 月面ミッションを終えて、スターシップが月周回低軌道に上昇する。

15 スターシップがゲートウェイにドッキングする。

⑯ 月面に降りた宇宙飛行士2名がオリオンに戻り、オリオンがゲートウェイから分離される。

⑰ オリオンは月をフライバイして、月の重力を利用して軌道を変え、地球への帰還軌道に入る。

⑱ エンジン噴射によって軌道を調整して地球に向かう。

⑲ オリオンのクルーモジュール（宇宙飛行士の居住空間）がサービスモジュール（機器区画）から切り離される。

⑳ クルーモジュールが大気圏に突入する。

㉑ クルーモジュールはパラシュートを使って降下し、海上に着水する。①〜㉑で約30日間の計画となっている。 （NASA）

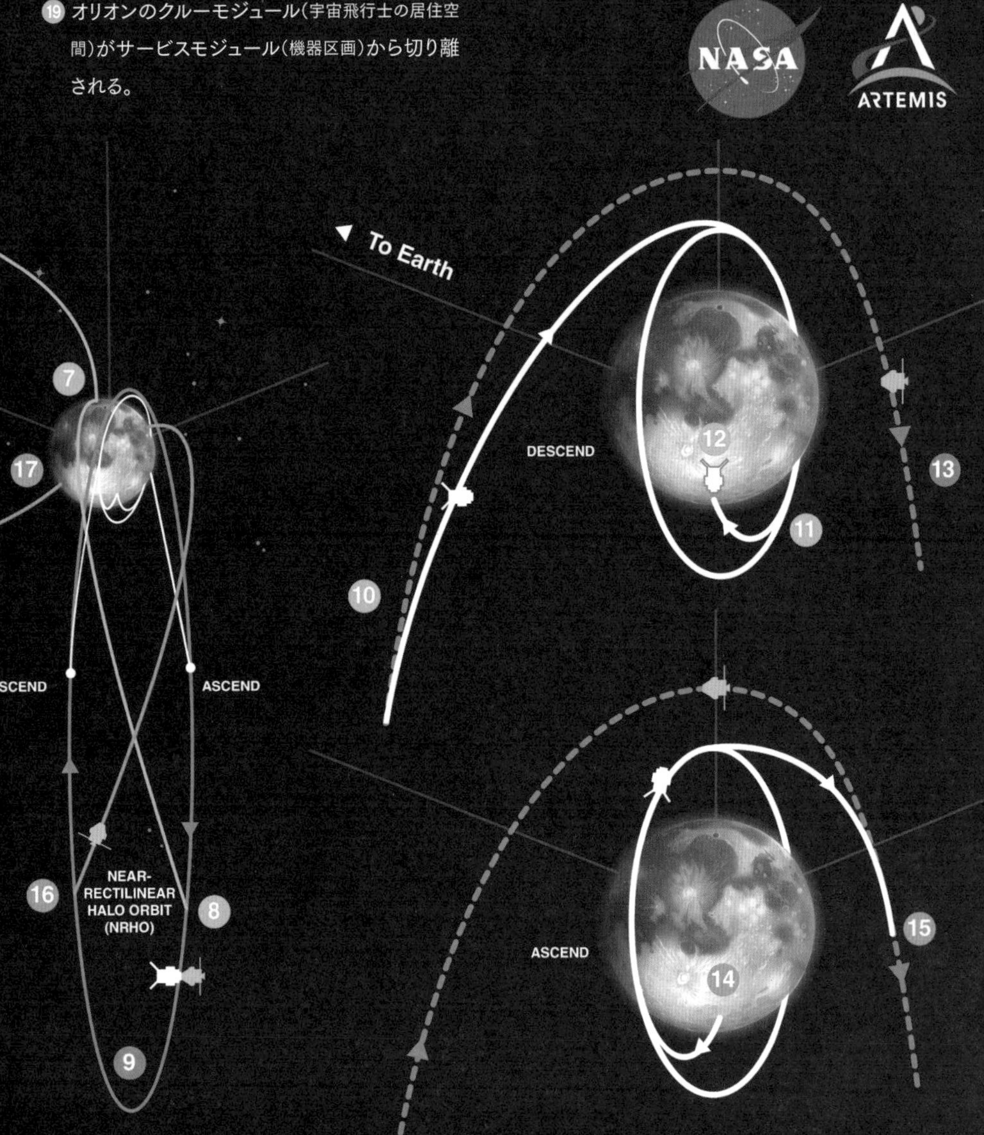

日本人宇宙飛行士が月面に立つ日は？

アルテミス3以降の計画

アルテミス3の後も、アルテミス計画は継続されます。2027年から2028年に予定されているアルテミス4では、宇宙飛行士がゲートウェイに居住区を建設し、そこから月面に降り立ちます。その後も1年に1回のペースでアルテミス5、6、7……が実施される見込みです。

アルテミス計画はアメリカが単独で行っているものではなく、日本やヨーロッパなど20か国以上の国々も参画しています。将来的には、日本人宇宙飛行士がアルテミス計画に参加し、月面着陸を行うことは十分にありえます。計画の進捗具合によりますが、2020年代末から2030年代の初めには、日本人宇宙飛行士が月面に降り立つのではないかと思われます。

アルテミス計画で使用される次世代宇宙服のプロトタイプ。黒っぽく見えるのは設計を隠す目的のカバーレイヤーが被せられているためで、実際には従来の宇宙服と同じく、高熱から宇宙飛行士を保護するために白い素材が使われる。(Axiom Space)

月面基地の建設

ESAが検討している月面基地のイメージ画像。(ESA/Foster + Partners)

そしてアルテミス3以降、人類初の月面開拓が始まります。月面で人間が長期間にわたって活動するには、月面基地が必要になります。アメリカは月の南極近くにアルテミス・ベースキャンプという月面基地を建設することを発表しています。

月面基地の作り方としては、月の砂であるレゴリスを3Dプリンターで固めて作るといったアイデアが提唱されています。居住区画をレゴリスで覆うことで、有害な宇宙線や隕石から人間を守ることができるのです。

Column

アルテミス計画とアポロ計画、なにが違う？

アポロ計画（左）とアルテミス計画（右）のロゴマーク。（NASA）

現在進められているアルテミス計画と、50年以上前に実施されたアポロ計画は、ともに月を人類が訪れる「有人月探査」です。では、両者の違いは何でしょうか。

違いの1つは、その目的です。アポロ計画は人類が「月に行く」こと自体が目的でした。当時、宇宙開発競争において常に旧ソビエト連邦に後れをとっていたアメリカにとって、初めて人類を月面に送った国になるという栄誉を手にすることが目的のすべてだったのです。

一方、アルテミス計画では、人類を再び月に降り立たせた上で、月面の開発や開拓を進め、有人火星探査の足がかりを月面に築くことを目指しています。「月に滞在する」「常に月面に人類がいるようになる」ことがアルテミス計画の目的です。現在、地球上空の国際宇宙ステーションには常に複数の宇宙飛行士が滞在していますが、同じ状況を月面でも作ろうとしているのです。

もう1つの大きな違いは、アポロ計画がアメリカ単独で遂行されたのに対して、アルテミス計画は日本やヨーロッパなどを含めた国際プロジェクトとして進められている点です。さらにアルテミス計画では、スペースX社などの民間企業がロケットや宇宙船の開発を担うなど、ミッションに非常に深く関わっている点も特徴的といえます。

将来の月面・月周辺での活動風景のイメージ図。（JAXA）

宇宙の広さを知ろう -太陽系-

太陽と8つの惑星

太陽系は、恒星である太陽と、その周囲を公転している惑星などの天体を合わせた集団のことです。

太陽系の惑星は、太陽から近い順に、水星、金星、地球、火星、木星、土星、天王星、海王星の8つです。このうち、水星、金星、地球、火星はおもに岩石と金属でできていて、岩石惑星に分類されます。木星と土星はおもに水素ガスでできた巨大ガス惑星、天王星と海王星は氷のまわりをガスが取り巻いている巨大氷惑星です。

太陽系の各惑星の大きさの比較(地球を1とした大きさ)。(NASA/Lunar and Planetary Institute)

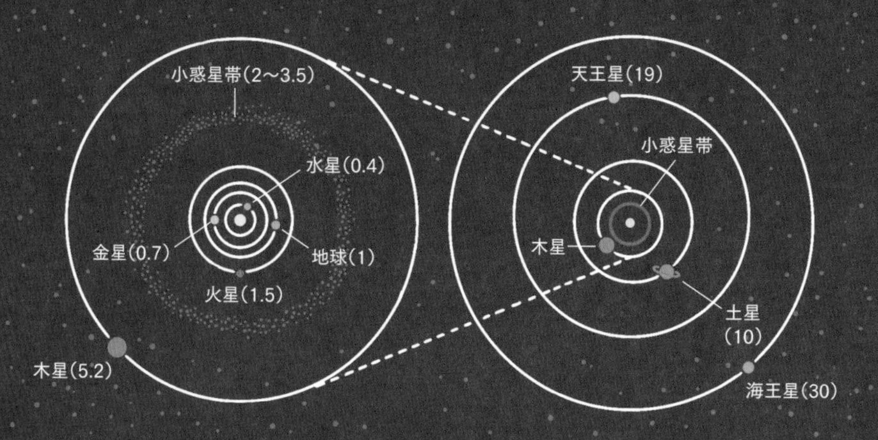

太陽系の各惑星の軌道(数値は太陽・地球間の距離を1とした時の、太陽からの距離を表す)。

太陽系の果てはどうなっている？

海王星の軌道の外側には、太陽系外縁天体と呼ばれる小天体が、帯状に存在しています。この帯のことをエッジワース・カイパーベルトといいます。かつて太陽系の第9惑星とされていた冥王星は、現在では太陽系外縁天体の1つとして分類され、惑星の地位から外されることになりました。

エッジワース・カイパーベルト

国立天文台

さらに、エッジワース・カイパーベルトのはるか外側には、太陽系を球状に取り囲むように、無数の小さな氷のかたまりが存在しているという仮説が唱えられています。この天体はオールトの雲と呼ばれていますが、まだ観測できていません。

エッジワース・カイパーベルトやオールトの雲の天体が、何かのはずみで太陽に向かって近づいてくるようになったものが、長い尾を引く彗星として観測されると考えられています。

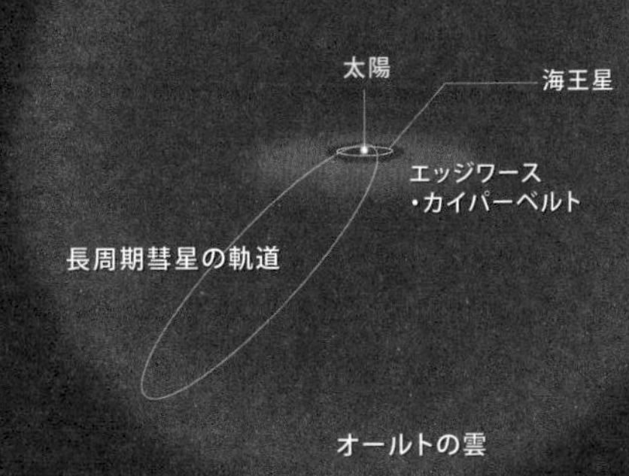

国立天文台

宇宙の広さを知ろう -天の川銀河-

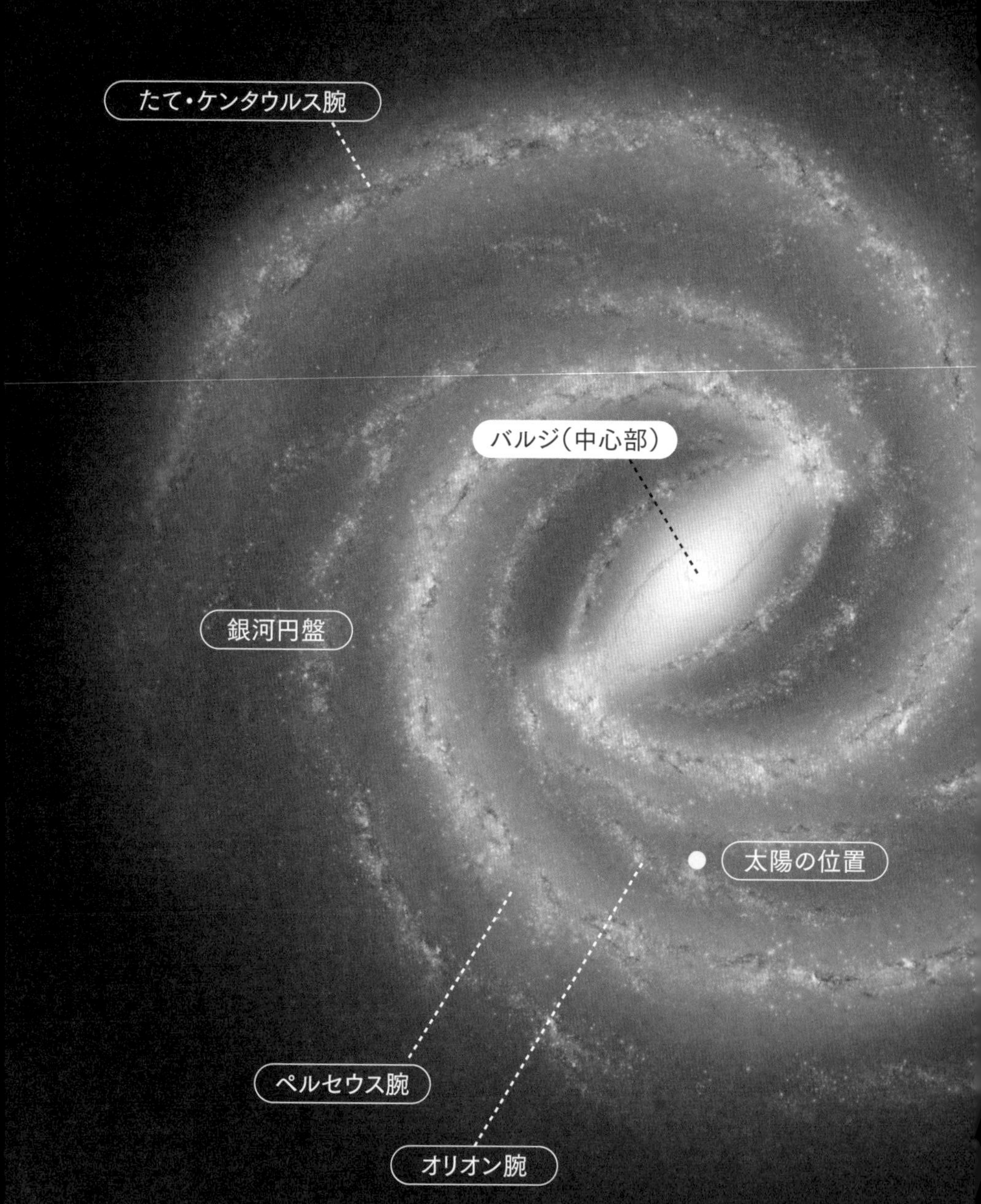

たて・ケンタウルス腕

バルジ(中心部)

銀河円盤

太陽の位置

ペルセウス腕

オリオン腕

いて・りゅうこつ腕

無数の光の点の
1つ1つが、太陽と同じ
恒星なんだね…

じょうぎ・はくちょう腕

NASA/JPL-Caltech

数千億の星が群れる銀河

星は宇宙の中で均等に散らばっているのではなく、群れをつくるようにまとまって存在しています。こうした星の大集団を銀河といいます。私たちの太陽や夜空に見える星々は、数千億の星が集まった銀河の一員で、天の川銀河と呼ばれます。

天の川銀河の星は、中心部が凸レンズのように膨れた円盤の形に分布しています。中心部の膨らみをバルジといい、バルジを除いた円盤部分を銀河円盤といいます。銀河円盤の直径は約10万光年です。私たちの太陽系は銀河円盤内の、天の川銀河の中心から約2万6000光年離れた場所にあります。

天の川銀河の銀河円盤を外側から見ることができたなら、渦模様が見えるはずです。この渦模様を腕（または渦状腕）といい、太陽はオリオン腕という部分にあります。円盤面に渦模様が見られる銀河を渦巻銀河といいます。天の川銀河は中心部に棒状の構造を持つ棒渦巻銀河に分類されます。

宇宙の広さを知ろう
-銀河の群れと宇宙の大規模構造-

天の川銀河の近くにあるお供の銀河

天の川銀河の近くには、大マゼラン雲と小マゼラン雲という2つの小さな銀河があります。日本からは見えず、南半球で見ることができる天体です。

大小マゼラン雲には、天の川銀河のような渦巻模様はなく、肉眼ではぼんやりとした雲のように見えます。このような銀河を不規則銀河といいます。

NASA/CXC/M.Weiss

アンドロメダ銀河と局所銀河群

アンドロメダ銀河は秋の夜空に見える天体です。その直径や星の数は、天の川銀河の2倍以上あると考えられています。かつて2つの銀河が合体して、こうした巨大な銀河が誕生したと想像されています。

そして、星が集まって銀河をつくるように、銀河も銀河群(数十個程度)や銀河団(100個以上)などの集団をつくります。私たちの天の川銀河は、大小マゼラン雲やアンドロメダ銀河、さんかく座銀河など約90個の銀河と集団をつくっていて、局所銀河群と呼ばれます。

NASA/CXC/M.Weiss

巨大な銀河の集団・おとめ座銀河団

おとめ座の方向約6000万光年の彼方には、1000個以上の銀河の大集団であるおとめ座銀河団があります。おとめ座銀河団の中心部には、数兆個の星が属する超巨大銀河・M87が鎮座しています。

また、かみのけ座の方向約3億光年の彼方には、数千個の銀河でできたかみのけ座銀河団があります。3万個以上の銀河でできた銀河団もあります。

おとめ座銀河団の銀河を写した画像。左上に見える楕円の形をした天体が超巨大銀河M87である。（NASA/Fernando Pena）

宇宙の大規模構造

宇宙にはさらに大きな構造があります。それは銀河団同士が網の目のように連なったもので、宇宙の大規模構造と呼ばれます。せっけんの泡がくっつきあっている様子に似ていることから泡構造とも呼ばれます。泡の表面の膜にあたる部分に、銀河や銀河団が1億光年以上の長さにわたって連なって存在しているのです。

一方、泡の内部の部分は、何億光年にもわたって銀河がほとんど存在しない領域になっています。この領域をボイド（空洞の意味）と呼びます。

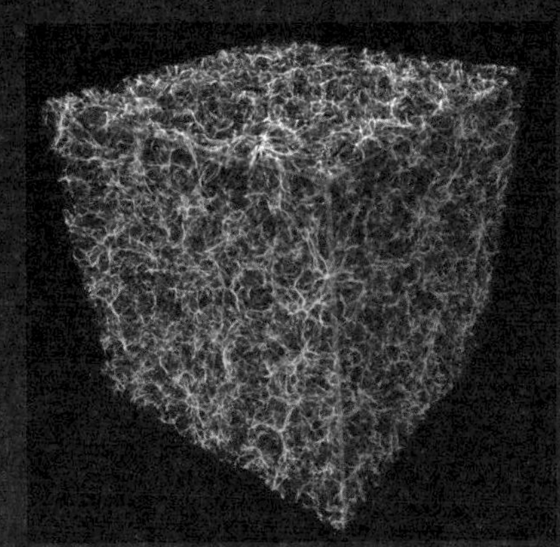

宇宙の大規模構造をコンピュータシミュレーションで描いたもの。青白い部分が銀河や銀河団などであり、網の目のように連なっている。（NASA, ESA, and E. Hallman (University of Colorado, Boulder)）

Column

太陽系を200億分の1に縮小すると?

太陽から各惑星までの距離のイメージをつかむために、太陽系の大きさを200億分の1に縮小してみましょう。すると太陽は直径約7cmになり、野球のボールほどのサイズです。これを野球場のホームベース上に置いたとしましょう。すると地球は、ボールペンの先端の小さなボールくらい(直径約0.64mm)のものが、ホームベースとピッチャーの中間より少し手前(約7.5mの距離)のところにあるイメージです。同じようにイクラサイズ(直径約7mm)の木星は2塁ベース上(距離約39m)に、それより少し小さい(直径約6mm)土星は外野手がいるあたり(距離約72m)にあります。天王星(距離約140m)、海王星(距離約220m)は、野球場の外にあるイメージです。太陽系は、広い空間に小さな天体がぽつぽつと浮かんだ姿をしているのです。

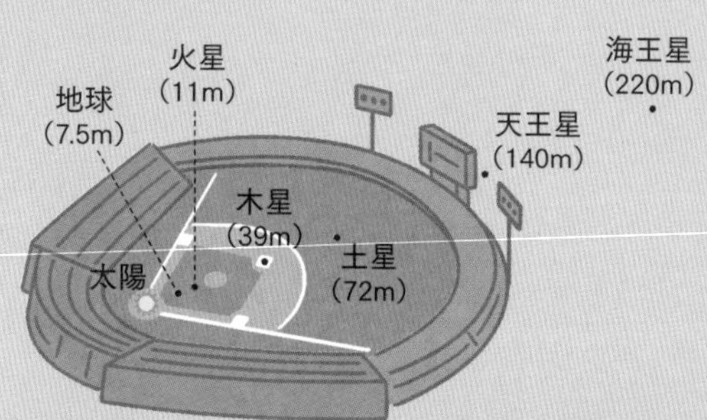

Column

遠くの宇宙を見ることは、過去の宇宙を見ること

私たちが月を見る時、その月は「過去の月」であることをご存じですか。

ものを見るためには、物体が放つ光や、物体の表面で反射した光が私たちの目に届く必要があります。約38万km離れた月からやって来た光(秒速約30万km)が地球に届くのに、1秒強の時間がかかるので、私たちが目にしているのは「約1秒前の過去の月」の姿なのです。

また、地球から約1億5000万km離れた太陽を出発した光が地球に届くのに、約8分かかります。したがって私たちは「約8分前の過去の太陽」の姿を見ていることになります(太陽を直接見ると目を痛めるので危険です!)。同じように、私たちは約430光年離れた北極星の「約430年前の姿」や、約250万光年離れたアンドロメダ銀河の「約250万年前の姿」を見ているのです。

このように、より遠くの宇宙を見るほど、より過去の宇宙を見ていることになります。望遠鏡は過去の宇宙の姿を映す「タイムスコープ」であり、遠くの宇宙を見ることで過去の宇宙の姿を研究できることが天文学の魅力の1つだともいえるでしょう。

ESA/Hubble & NASA, A. Riess、Acknowledgement: M. Zamani

1章

開幕！宇宙探査の新時代

月へ、そして火星やその他の惑星へ。アルテミス計画を皮切りに、宇宙探査は新しい時代へ入ります。宇宙探査の基本知識から最新の動向までを、一気に紹介しましょう。

寺薗淳也さんが選ぶ 宇宙探査機ベスト5

第5位 バイキング

バイキングのランダー(着陸機)の模型。
(NASA/JPL-Caltech/University of Arizona)

バイキングはアメリカが打ち上げた火星探査機で、1975年にバイキング1号と2号の2機が打ち上げられました。両者は1976年に火星への着陸に見事成功したのです。

それ以前にも旧ソビエト連邦の探査機が火星に着陸していましたが、着陸直後に信号が途絶えてしまいました。一方、バイキングからは火星の表面で撮影した画像が地球に送られてきました。当時、私(寺薗)は小学生でしたが、火星の赤い大地の画像に興奮したことをよく覚えています。

バイキングは火星の生命探査をしたことで有名です。火星の表面近くの土を採取して、生命あるいはその痕跡を検出するため、3種類の装置を使用した実験をしました。しかし生命の存在の痕跡どころか、生命体を作る有機物も検出できませんでした。

しかし火星の表面では強い紫外線や放射線によって有機物は分解されてしまいます。そのため、火星の地下数mより深い場所であれば、生命の痕跡が今でも残っている可能性があるのです。

火星のユートピア平原に降り立ったバイキング2号のランダーの自撮り画像。(NASA/JPL)

のちに別の探査機の観測から、ユートピア平原の地下の浅い部分に氷の層があるかもしれないとわかったよ!

第4位 ボイジャー

太陽系を脱出して恒星間空間を進むボイジャー1号の想像図。（NASA/JPL-Caltechl）

外惑星、すなわち木星・土星・天王星・海王星を探査するために打ち上げられたのが、アメリカのボイジャーです。1977年にボイジャー1号と2号が相次いで打ち上げられました。そして1970年代から80年代にかけて、2機のボイジャーは外惑星に接近し、多くの写真を撮影しました。

1980年代に、ボイジャー計画を主導したアメリカの天文学者カール・セーガンが監修したテレビ番組「コスモス」が放送され、世界的な話題を集めました。ボイジャーが撮影した鮮明な外惑星の画像も、番組内で多数紹介されました。私はそれらに魅了され、宇宙の研究を志したのです。

ボイジャーはその後も宇宙の旅を続け、現在は太陽系を脱出して恒星間空間を飛行しています。ボイジャーには地球上のさまざまな音や音楽、55種類の言語による挨拶などが録音されたゴールデンレコードが積まれています。遠い将来、どこかの地球外知的生命が宇宙を漂うボイジャーを発見し、ゴールデンレコードを聴いてくれるかもしれません。

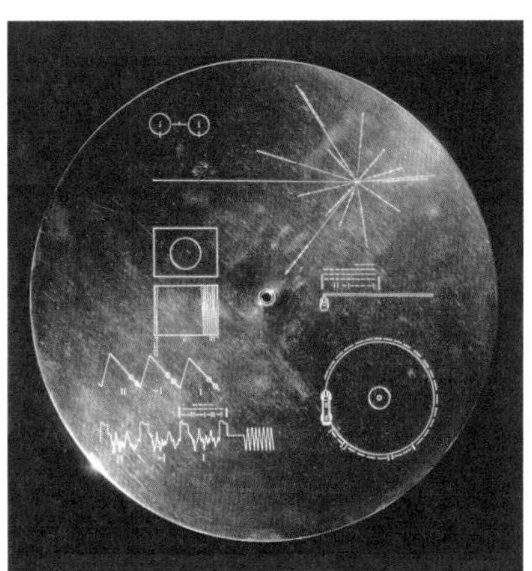
ボイジャー1号と2号に搭載されたゴールデンレコード。表面には地球の位置を知らせるための記号などが刻印されている。（NASA）

ボイジャー2号が撮影した土星のリング。リングを構成する物質の組成ごとに色分けした擬似カラーであり、実際にこのような色で見えるわけではない。（NASA/JPL）

第3位 スピリット＆オポチュニティ

オポチュニティのCG画像。スピリットも同じ形状・性能の「双子ローバー」である。(NASA/JPL/Cornell)

スピリットとオポチュニティはアメリカの火星ローバー(探査車)で、2004年1月に火星に着陸しました。2台の双子のローバーは、火星表面の地質構造や鉱物の組成などを探ることが目的でした。

当初想定された2台のローバーの活動予定期間は、90日でした。しかしそれを大幅に超えて、スピリットは約6年、オポチュニティは約14年も、厳しい火星の環境の中で活動を続けたのです。私が編集長を務めるサイト「月探査情報ステーション」でもずっと活動を紹介していた思い入れのある探査機です。

スピリット＆オポチュニティが挙げた最大の成果は、昔の火星には液体の水が多く存在していたと実証したことです。たとえばオポチュニティは、青黒くて丸い鉱物、通称「ブルーベリー」を発見しました。これはヘマタイトという、水の力で生成される鉱物なので、火星がかつて水に富む環境だったことが明らかになったのです。地球の生命は水が豊富な環境で誕生したと考えられているので、火星でも生命が誕生した可能性は十分にあるでしょう。

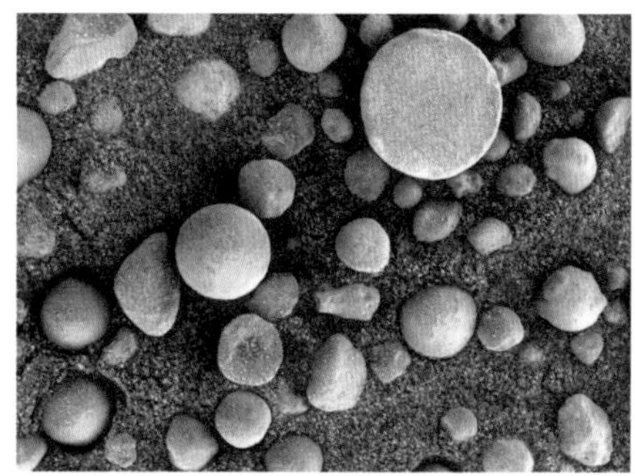
オポチュニティが発見した鉱物粒、通称「ブルーベリー」。(NASA/JPL-Caltech/Cornell/USGS)

スピリットが撮影した火星の青い夕焼け。火星では大気中に舞い上がった細かなちりが光を散乱させるため、昼間の空は赤く、夕方は太陽の近くが青く見える。(NASA/JPL-Caltech/Texas A&M/Cornell)

第2位 はやぶさ

小惑星探査機「はやぶさ」(CG)。(JAXA)

小惑星とは、太陽の周囲を回る天体のうち、惑星や衛星、彗星などを除いた小さな天体のことです。小惑星に行き、そのサンプルを地球に持ち帰ったのが、日本の小惑星探査機「はやぶさ」です。2003年5月に打ち上げられ、2005年9月に小惑星イトカワに到着、サンプル採取を試みた後、いくつものトラブルを乗り越え、2010年6月13日、地球への帰還を見事に果たしました。

小惑星のサンプルを地球にもたらしたのは世界初であり、月より遠い天体を往復した探査機も初の快挙でした。はやぶさは一大ブームを巻き起こし、テレビのワイドショーで取り上げられ、映画が何本も作られたことを覚えている方も多いでしょう。

当時の私は、はやぶさプロジェクトでカメラチームに所属して研究をしながら、はやぶさがイトカワのサンプルを採取する「タッチダウン」の様子などをブログで実況中継する広報活動も行いました。探査機にあまり変化がない時には、代わりに管制室の雰囲気を伝えるなどの工夫をしながら、はやぶさの歴史的快挙を伝えるために奮闘していたのです。

はやぶさが撮影した小惑星「イトカワ」の実際の画像。(JAXA)

ハヤブサ！

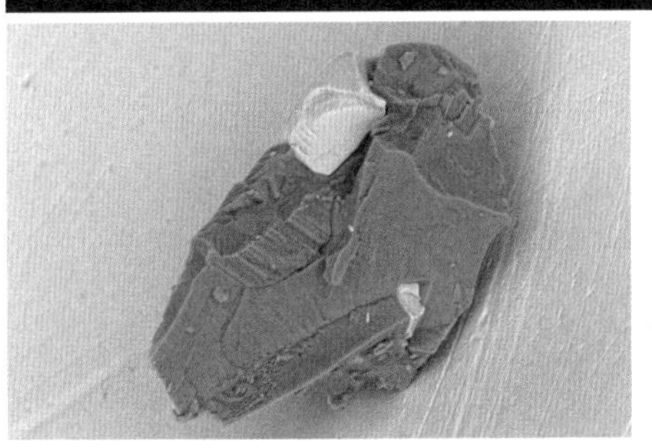

イトカワの微粒子の電子顕微鏡写真。微粒子に含まれる元素の分析から、イトカワは母天体に別の小惑星が約15億年前に衝突して、その破片が集まってできたことがわかった。(JAXA)

第1位 クレメンタイン

クレメンタイン(CG画像)。わずか227kgの超軽量・超小型探査機。アポロ計画の宇宙船の重量が40～50tなので、その200分の1程度しかない。(NASA)

アメリカの無人月探査機クレメンタインの名前を初めて聞いた方も少なくないでしょう。そんなマイナーな探査機を第1位に選んだのには理由があります。

1994年、アメリカはクレメンタインを月に打ち上げました。アメリカが月に探査機を送るのは、アポロ17号以来22年ぶりでした。このわずか227kgの小型探査機は、月で予想外のものを見つけました。それは水です。

アポロ計画で持ち帰られた月の石には水がほとんど含まれていなかったので、月には水が存在しないとされていました。しかしクレメンタインの観測データを分析したところ、月の極域に水が氷の状態で存在する可能性があるとわかったのです。

水は飲み水になるだけでなく、水を電気分解して酸素と水素にして、呼吸に必要な酸素を作ることもできます。さらに水素と酸素はロケットの燃料にもなります。月に水があれば、将来の月開発におおいに役立つのです。

アポロ計画で人類は月に到達し、月はすでに知りつくした天体だと思われていました。しかしクレメンタインによる月の水の発見は、月がまだまだ未知の天体であることを示しました。そこで「バック・トゥ・ザ・ムーン」を合い言葉に、世界各国で月探査・月開発の気運が生まれ、現在のアルテミス計画につながっているのです。

クレメンタインは世界で初めて、
月の全球の表面の様子を
デジタル撮影したんだ。そのおかげで、
従来よりずっと広い範囲で
月の地形や地質のデータを
得られたんだよ!

クレメンタインが撮影した月の南極付近の画像。いたるところにクレーターが見える。(NASA/JPL-Caltech)

Column

なぜ月に水が存在するのか？

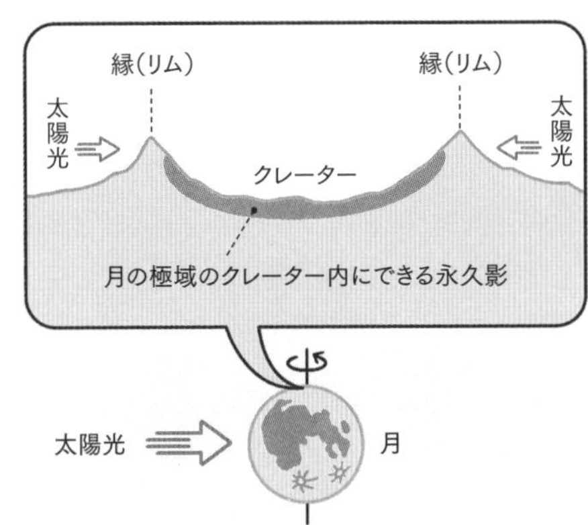

月は自転軸が太陽の方角に対してほぼ垂直になっています。そのため、月の赤道部分では太陽光が真上から当たり、一方、月の両極(北極と南極)では太陽光がほぼ真横から当たります。

また月のクレーターは、リムと呼ばれる縁の部分が高く盛り上がっています。そのため、極付近にあるクレーターに太陽光が当たっても、リムによってさえぎられて、クレーター内部に太陽光がけっして届かない部分ができます。これを永久影といいます。永久影には太陽が1年中当たらず、マイナス200℃以下の極低温になっています。

大気のない月面では、液体の水は蒸発して宇宙空間へ飛び去ってしまうので、液体の水は存在できません。しかし、永久影の部分には水が氷の状態で存在している可能性があると考えられています。

Column

クレメンタインと私

クレメンタインは私(寺薗)が研究者の駆け出しの頃に、データの解析をして多くのことを学んだ、個人的にも思い入れのある探査機です。アメリカや日本の探査機が取得したデータは一般に公開されているものがほとんどで、各国の研究者はそれを自分たちで解析して新たな発見を行い、論文を発表するのです。

私が行ったのは、クレメンタインが撮影した地表のデータをもとに、月の表面に存在する鉱物を推定するというものでした。それは後に私が携わった日本の月探査機「かぐや」の技術開発にも結びつくものとなりました。

その研究発表を、生まれて初めての海外での学会で行いました。ガチガチに緊張して発表した後で、現地の人たちから「よくやったね」とねぎらってもらい、とてもほっとしたことを今も覚えています。

宇宙探査の5つのステップ

なぜ行かなければならないか？

宇宙探査機を1機打ち上げるのには、ざっと数百億円のお金が必要です。わざわざ探査機を送らなくても、地球から望遠鏡で観測すればいいのではないか、と思う人がいるかもしれません。

確かに現在のハイテク望遠鏡は解像度が非常に高いので、月面や火星表面などをかなり細かい精度で見ることが可能です。しかし月・惑星探査が始まった1950年代から60年代には、そうした望遠鏡は存在しませんでした。そのため、探査機で実際に近づいて観測する必要があったのです。

また、今でも地上の望遠鏡ではけっして見られないものがあります。たとえば月はいつも地球に同じ面（表側）を向けているので、月の裏側を観測するには探査機を飛ばすしかありません。また、金星のように厚い雲に覆われた天体は、大気の下にある地表の様子を望遠鏡で見ることは不可能です。

さらに、月や火星の表面のくわしい高低差や、どんな岩石でできているのかなどは、探査機で天体を訪れて調べることで、確実な情報を得られます。そのために、探査機を送る必要があるのです。

月の表側（上）と裏側（下）の画像。月の裏側は「海」と呼ばれる暗い低地の領域が少なく、またクレーターが多いなど、表側とはかなり違った様相をしている。（ともにNASA/GSFC/Arizona State University）

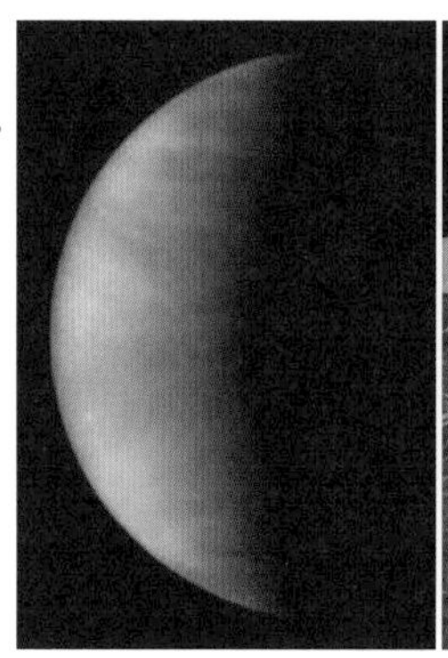

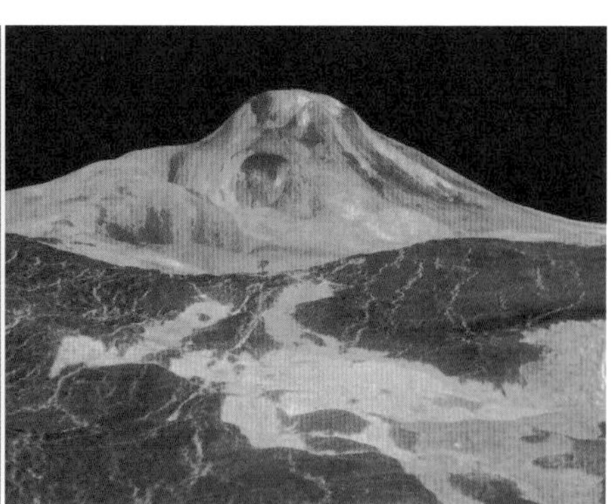

金星は厚い雲に覆われているので、地球からは地表の様子を見ることができない（左）。アメリカの金星探査機マゼランは、金星の周囲を回りながらレーダーで雲の下の地形を調べ、その様子をCGで描き出すことに成功した（右）。（ともにNASA/JPL）

有人探査まで段階を踏んで進む

月や惑星の探査をするのに、いきなり人間を乗せた探査機を送ることはありません。一般には、❶フライバイ→❷周回探査→❸着陸探査→❹サンプルリターン→❺有人探査というステップを踏んで探査が行われます。❶から❹は無人探査機による探査です。ただし小惑星探査機「はやぶさ」のように、小さな天体の探査の場合は、予算の関係などもあっていきなり❹のサンプルリターンを行うこともあります。

無人探査の場合、安全面をそれほど考えずに大胆な探査ができます。その分、費用をあまりかけずに効率的な探査を実施できる点が大きなメリットです。一方、有人探査ではロケットや探査機の安全性を徹底的に高める必要があります。地球に帰還するまでの間、人間が生きるための空間や空気、水、食料が必要なので、探査機も大きくなり、探査の費用が膨大になります。

では、すべて無人探査でよいかというと、そうではありません。人間が現地で適切な判断や行動ができることで、探査が充実したものになります。そうした点ではAI(人工知能)はまだまだ人間に及びません。また、人間が未踏の場所を訪れる、いわゆるフロンティアを広げることには大きな意義があると考えられています。したがって有人探査の実施もやはり大事なのです。

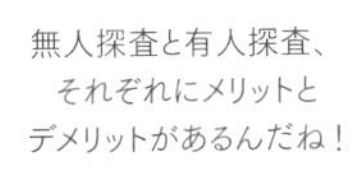

目的の天体のそばを通り過ぎながら観測する。

天体の周囲を回る軌道に入って観測する。

天体の表面に軟着陸(ゆっくりと着陸)する。

岩や砂のサンプルを地球に持ち帰る。

宇宙飛行士が天体の表面に着陸して探査する。

探査機のしくみ

◎はやぶさ2のおもな搭載装置

（JAXA）

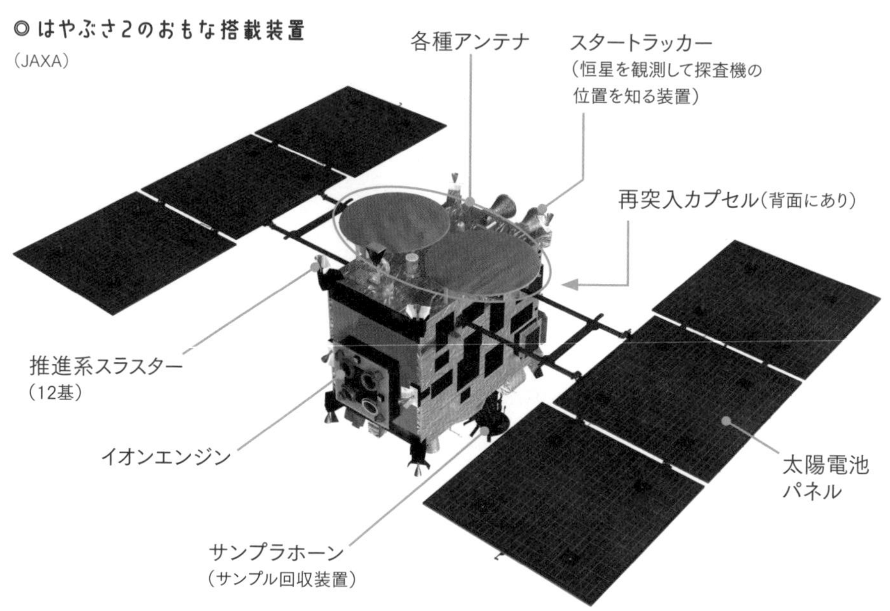

基本構造のバス部

宇宙探査機や人工衛星の本体の構造は、バス部とミッション部に大きく分けられます。

バス部は、探査機の基本構造にあたる部分のことです。探査機が宇宙で動くために必要な機器や、探査機を形作る構造体、さらには姿勢制御、推進系、電源系、通信系、熱制御系などの各システムからできています。有人探査の場合は、生命維持系システムも含まれます。通信衛星など商用の衛星では、コストダウンのためにバス部は共通化されていることが多いです。

独自の機器類のミッション部

ミッション部は、探査機のミッションを遂行するための独自の機器類です。高性能のカメラやレーダー、センサーなどの観測機器や、天体からサンプルを回収するための装置などになります。

また、探査機本体から飛び出している翼のようなものを太陽電池パドル（パドルは櫂のこと）といいます。太陽電池パドルには多数の太陽電池パネルが貼られていて、太陽光によって発電し、その電力で各種機器を動かしています。

探査機の推進系システム

ロケットは地球から数百kmほど上空までしか探査機を運んでくれません。その先は、探査機は地球からの支援を受けながら、自力で目的の天体まで進んでいきます。探査機の加速や減速、方向転換に使われるのが推進系システムであり、スラスターとも呼ばれます。

スラスターは化学推進と電気推進に大別されます。化学推進は、ロケットのロケットエンジンと同じく、燃料を燃やしてできたガスを噴出して進むしくみです。ただしロケットエンジンに比べて推力がずっと小さいのが通常です。一方、電気推進は、電気の力で進むしくみです。小惑星探査機「はやぶさ」や「はやぶさ2」に搭載されたイオンエンジンは電気推進の一種です。

化学推進と電気推進を比べると、推力は化学推進のほうが約2000倍も大きく、そのため急加速や急減速が可能です。一方、電気推進は燃費が化学推進の10倍ほども良いので寿命が長いという特徴があります。異なる2つの特徴を持つスラスターを組み合わせて、探査機は宇宙の大海原を渡っていくのです。

化学推進

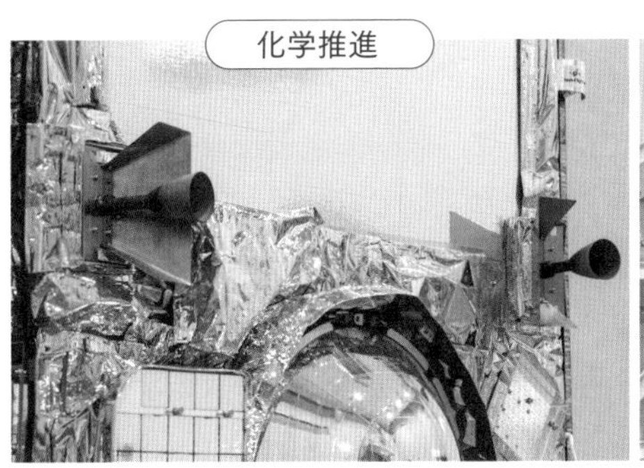

はやぶさ2の推進系スラスター（化学推進）。小型のロケットエンジンである。推力は大きいが、燃費が良くない。（JAXA）

電気推進

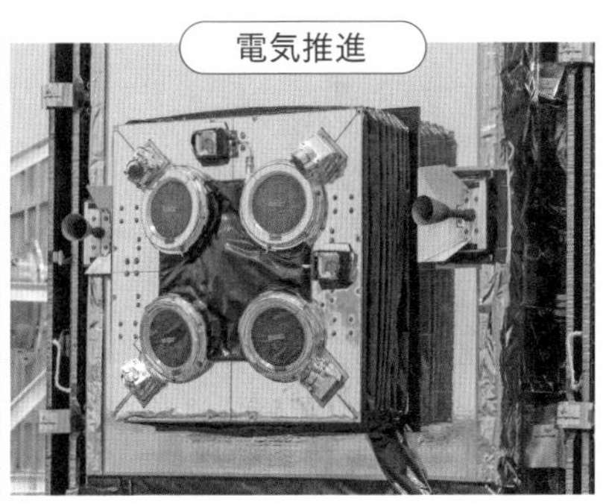

はやぶさ2のイオンエンジン（電気推進）。キセノンガスを超高温にしてイオン化して、電気的に噴射して進む。推力は小さいが燃費が非常に良い。（JAXA）

Column 夢の宇宙船「宇宙ヨット」

ソーラーセイルは、超薄膜の帆を広げて、太陽の光の圧力によって進む宇宙船（宇宙ヨット）です。ソーラー電力セイルは、帆の一部に薄い太陽電池を貼って太陽光発電を同時に行います。日本のソーラー電力セイル実証機「IKAROS」は2010年に打ち上げられ、世界初のソーラーセイルによる航行技術を実証しました。燃料もエンジンも不要な夢の宇宙船として期待されています。

IKAROSのイメージ画像。（JAXA）

探査機の軌道はどう決める？

燃料を節約するホーマン軌道

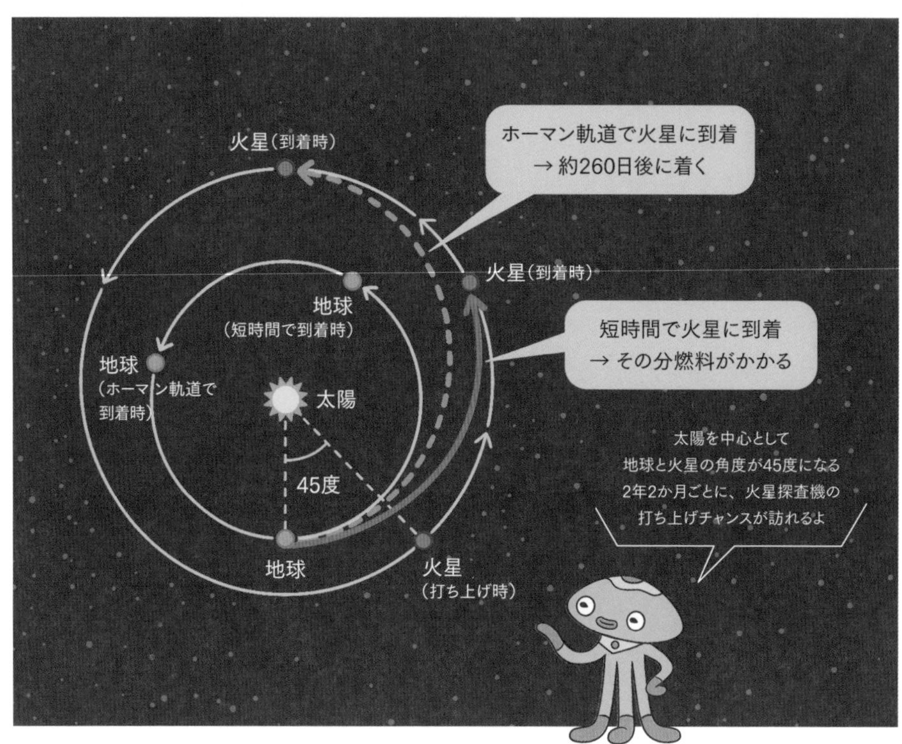

探査の目的地である月や惑星は、宇宙の中を移動しています。したがって目的の天体が将来どこにいるのかを計算して、その場所に着けるように探査機の打ち上げ日や軌道を決める必要があります。また、打ち上げ時や宇宙を進む間の燃料を考えると、燃費を効率的にすることも重要です。

上の図は、火星に探査機を送る場合の軌道を示したものです。ピンク色の点線はホーマン軌道といい、もっとも少ない燃料で目的の天体に行ける軌道を表しています。火星に行く場合、ホーマン軌道を使うと約260日で到着します。一方、赤い実線の軌道は、ホーマン軌道を使う場合よりも打ち上げ時の速度を上げたものの一例です。より短い日数で火星に着けますが、多くのエネルギーが必要になります。

スイングバイとは何か？

スイングバイとは、地球などの惑星の重力や運動を利用して、探査機を加速・減速したり、進行方向を変えたりする方法です。惑星の近くをかすめるように通過する際に、惑星の重力と公転運動によって探査機の軌道が大きく曲げられます。その際に加減速や進路変更を行えるのです。

たとえば小惑星探査機「はやぶさ2」は、打ち上げから1年後に地球を使った加速スイングバイを行いました。それによって、秒速30.3kmから秒速31.9kmにスピードアップしたのです。また、はやぶさ2はそれまで地球の軌道に近いところを回っていましたが、スイングバイによって小惑星リュウグウの軌道に近いものに移ることができました。はやぶさ2のイオンエンジンを使って同じだけの加速や軌道変更を行うには、莫大な燃料を使わないといけません。燃料を使わずに加減速や方向転換などが可能である点が、スイングバイの大きなメリットです。

ただしスイングバイを行うためには、事前の軌道調整を非常に精密に行う必要があります。初代「はやぶさ」の地球スイングバイの際には、地球近くの1 kmの範囲内を、速度の誤差がわずか秒速1 cm以内で通過できるように軌道が何度も微調整されました。

なお、スイングバイをして探査機が加速すると、地球や惑星は運動エネルギーを奪われることになって、その分だけごくわずかに速度が落ちます。ただし地球や惑星の質量は非常に大きいので、持っている運動エネルギーも桁違いであり、速度はほとんど変わらないようなものです。

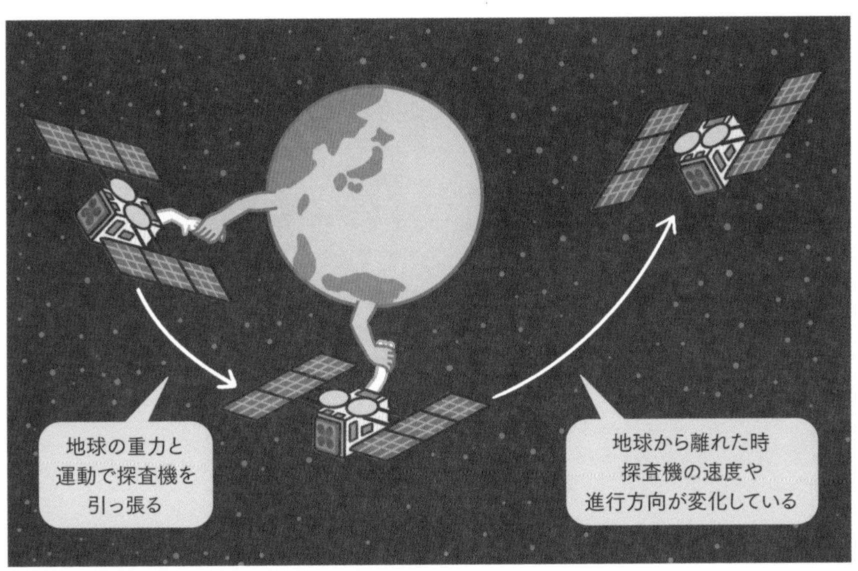

はやぶさ2の地球スイングバイのイメージ。

大気圏突入はなぜ危険？

空力加熱が数千度の高温を生む

サンプルリターンや有人探査では、探査機や宇宙船は天体のサンプルや人間を乗せて地球に帰還します。地球の大気圏に突入（再突入とも）する際の機体の速度は秒速8～12km（時速3万～4万km）にもなります。

再突入した機体の先端には地球の大気が激しくぶつかり、圧縮されて熱が発生するために、機体の表面は数千度に加熱されます。これを空力加熱といい、大気圏突入時の最大の問題になります。よく「大気との摩擦で高温になる」と誤解されますが、そうではありません。

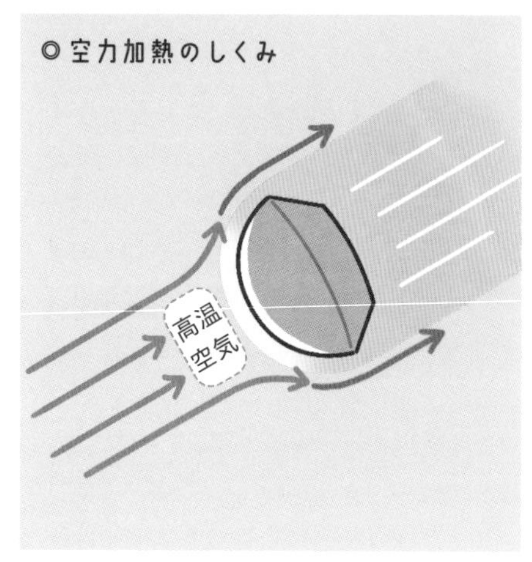

再突入カプセルのしくみ

オーストラリア南部の砂漠地帯に着地した「はやぶさ（初代）」のカプセル。（JAXA）

地球に帰還する探査機や宇宙船は再突入カプセルを持っていて、人間やサンプルはこの中に入って大気圏に突入します。再突入カプセルの表面は耐熱シールドという保護層で覆われていて、空力加熱による高温を内部に伝えないしくみになっています。

再突入カプセルは空気抵抗によって減速しつつ、大気圏内を降下します。さらにパラシュートを開いたり、カプセルのロケットを逆噴射したりして十分に速度を落とし、安全な着地や着水を果たすのです。

人工衛星にはどんな種類がある？

衛星とは、定常的に惑星の周囲を回っている天体のことです。地球にとっての衛星は月です。人工衛星はその名の通り、人間が作った衛星です。探査機と同じく、人工衛星の打ち上げにもロケットが使われます。

世界初の人工衛星は、旧ソ連が1957年に打ち上げた「スプートニク1号」です。それ以来、世界中で約1万3000機の人工衛星が打ち上げられてきました。現在、地球の周囲を回る人工衛星は約9000機に達していて、その数は近年激増しています。

人工衛星はその目的によって、いくつかに分類されます。通信衛星や放送衛星は、無線通信の中継や放送を行うものです。テレビの衛星放送（BS放送）は、東経110度の赤道上空3万6000kmに浮かぶ5機の放送衛星（BSAT）を中継基地にして、各家庭に電波を届けています。

地球観測衛星は、刻々と変化する地球の大気や海洋、陸域などの環境を長期的に観測する衛星です。気象衛星「ひまわり」はその代表です。ほかにも陸域観測技術衛星「だいち」や気候変動観測衛星「しきさい」、水循環変動観測衛星「しずく」などを日本が打ち上げています。

測位衛星は、自分のいる場所などの位置情報の計測に必要な信号を送信する衛星です。アメリカのGPS衛星が有名ですが、日本も独自に測位衛星「みちびき」を打ち上げ、より精度の高い測位システムの構築を進めています。

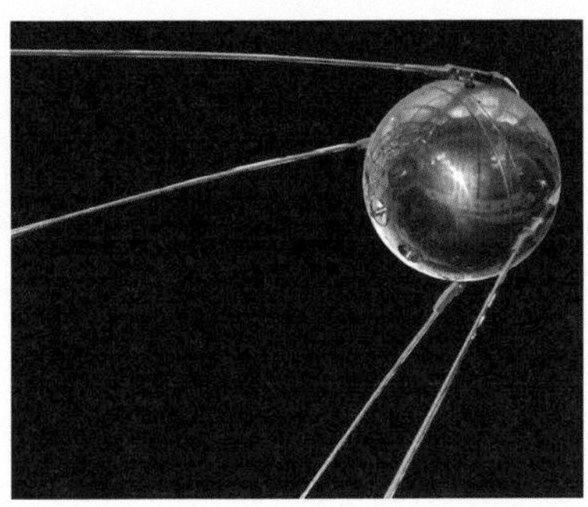

「スプートニク1号」のレプリカ。直径58cmのアルミニウム製の球体に、長さ2.4mのアンテナ4本がついているものだった。旧ソ連による初の人工衛星打ち上げ成功は、アメリカや西側諸国にいわゆる「スプートニク・ショック」を引き起こした。（NASA）

水循環変動観測衛星「しずく」のイメージ画像。（JAXA）

準天頂衛星（測位衛星）「みちびき」初号機のイメージ画像。（JAXA）

ロケットが飛ぶしくみ

飛行機は空気を利用して飛ぶ

ロケットと飛行機は、ともに空を飛ぶ乗り物です。しかし、空を飛ぶためのしくみはかなり違います。

飛行機は、プロペラやジェットエンジンが空気を勢いよく後ろに流すことで前に進みます。人が泳ぐ時に、水を手でかいて進むのと似ています。また、飛行機が空中に浮くのは、翼の周囲を流れる空気が飛行機を持ち上げる力、すなわち揚力を生み出すからです。このように飛行機には空気が欠かせないので、空気のない宇宙空間を飛ぶことはできません。

ジェット機はジェットエンジンに吸い込んだ空気に勢いをつけて後方に噴射することで飛ぶ。

ロケットはガスを噴出して飛ぶ

一方、ロケットは燃料を燃やしてできたガスを後ろに噴射して、その反動で飛行します。これは、ゴム風船を膨らませて、口を縛らずに手を離すと、風船が内部の空気を吹き出しながら飛んでいくのと同じしくみです。

また、ロケットは空気のない宇宙空間を飛ぶために、燃料を燃やすための酸素(酸化剤)を自分で持っています。そのため、ロケットにとって空気は必要なく、むしろ飛行を妨げるじゃまな存在なのです。

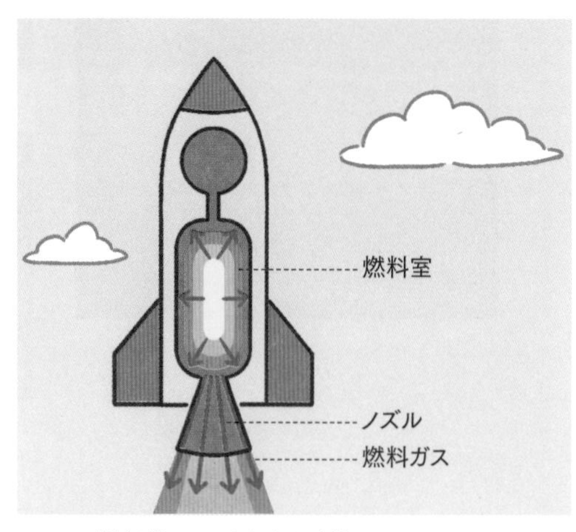

ロケットは燃料を燃やしてできたガスを噴射して飛ぶ。

固体ロケットと液体ロケットとは？

ロケットの燃料には、固体燃料と液体燃料の2種類があります。固体燃料を使うものを固体ロケット、液体燃料を使うものを液体ロケットといいます。

固体ロケットは、固体の燃料（合成ゴムなど）と酸化剤（過塩素酸アンモニウムなど）を混ぜて固めた固体燃料を燃やすことで飛行します。構造が比較的簡単なので信頼性が高く、開発や製作、取り扱いが容易であるという長所があります。一方、一度点火すると同じ強さで燃え続けるので推力の調整が難しく、ロケットを正しく飛行させる誘導制御が難しい点が短所です。

一方、液体ロケットは液体の燃料（液体水素）と酸化剤（液体酸素）が別々のタンクに入っていて、それらを燃料室で混ぜて燃やして飛行します。タンクのバルブを締めて液体燃料の量を調整することで推力の調整がしやすく、誘導制御に優れているという長所があります。ただし構造が複雑なので開発や製作が難しい点が短所です。

日本のロケットでは「はやぶさ」を打ち上げたM-Vロケットや、より安く効率的な打ち上げを目指して開発されたイプシロンロケットが固体ロケットです。一方、「はやぶさ2」を打ち上げたH-IIAロケットや、新型ロケットH3が液体ロケットです。

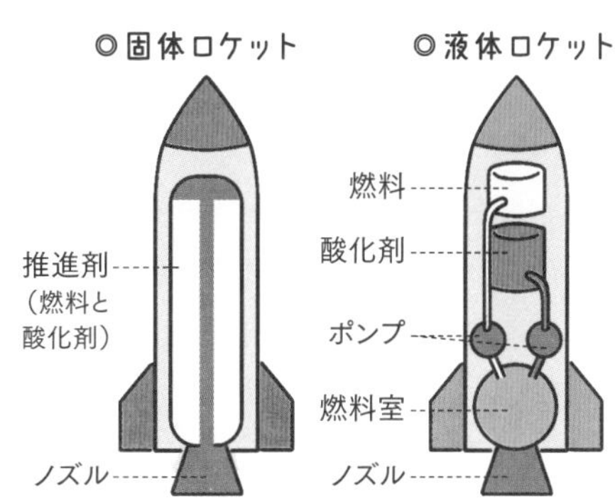

（左）2003年5月9日、「はやぶさ」を搭載して内之浦宇宙空間観測所（鹿児島県）から打ち上げられたM-Vロケット5号機。（JAXA）

（右）2014年12月3日、「はやぶさ2」を搭載して種子島宇宙センター（鹿児島県）から打ち上げられたH-IIAロケット26号機 。（JAXA）

地球の重力を振り切って宇宙へ！

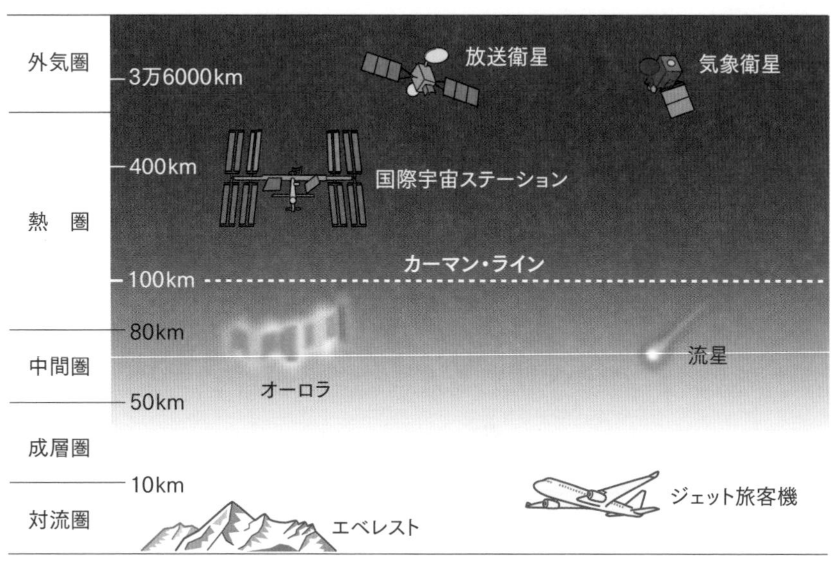

宇宙は上空何kmから？

ロケットは探査機や人工衛星を宇宙に打ち上げますが、そもそも宇宙とは上空のどこから先のことを指すのでしょうか。

一般的には、大気がほとんどなくなる上空100km以上を宇宙と呼ぶことが多いです。国際航空連盟は、地上から100kmのところに引かれた仮想的な線であるカーマン・ラインを超えた先を宇宙と定義しています。一方、アメリカ空軍では地上80km以上を宇宙と呼んでいます。

日本のH-IIAロケット（標準型）は上空約300km、H3ロケットは約500kmの打ち上げ能力を持っています。

大気圏とはどこまでのこと？

また、大気圏という言葉にもいくつかの定義があります。地球科学では、地球を取り囲む大気（空気）の層を大気圏と呼んでいます。大気圏は温度などの違いによって対流圏、成層圏、中間圏、熱圏の4つに分けられています。熱圏は上空500km以上にまで達し、その外側の外気圏つまり宇宙と連続的につながっています。

一方、NASAでは宇宙船が地球帰還時に高度120kmに達すると大気圏再突入と呼んでいます。このあたりから大気による機体の加熱が始まるためです。

第1宇宙速度とは何か？

地上でボールを地面に対して平行に投げると、ボールは数十mで地面に落ちます。これはボールが地球の重力を受けるからです。ボールの速度が速くなるほど、より遠くまで飛んで地面に落ちます。

空気による抵抗を無視した場合、ボールを秒速約7.9km（時速約2万8000km）で投げると、ボールは地球の重力に引かれながら、丸い地球をぐるりと1周することになります。この速度を第1宇宙速度といいます。ジェット機の速度が時速1000kmほどなので、その30倍近い速度です。

人工衛星が地球を回る速度は、じつは地表から離れるほど遅くなります。これは、地球の中心から離れるほど重力が小さくなるためです。国際宇宙ステーションは高度約400kmの上空にあり、地球を回る速度は秒速約7.7km、約1時間半で地球を1周します。

地球や太陽の重力を振り切るには？

人工衛星を地球の周囲を回る軌道に乗せるためには、ロケットは第1宇宙速度以上の初速度で打ち上げる必要があります。ちなみにピストルの銃弾の初速は秒速0.4km程度、ライフル銃の銃弾の初速は秒速1～1.4km程度なので、飛行するロケットを銃で撃っても当たりません。

そしてロケットの初速度が秒速11.2kmを超えると、探査機は地球の重力を振り切り、今度は太陽の周囲を回るようになります。これを第2宇宙速度といいます。さらに初速度が秒速16.7kmの第3宇宙速度を超えると、太陽の重力を振り切って太陽系の外に脱出できます。

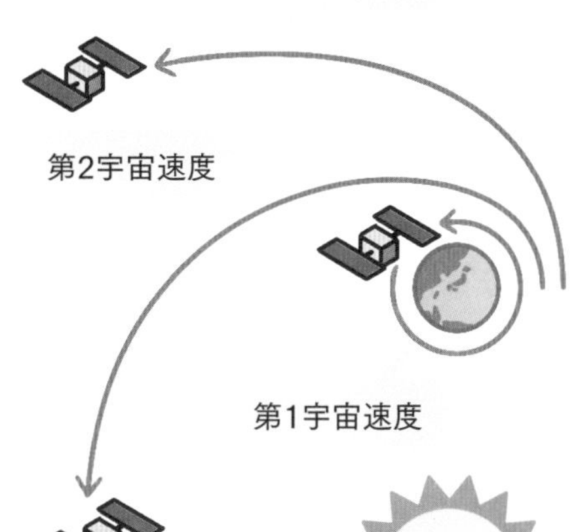

ロケットの打ち上げ

打ち上げには地球の自転も利用

ロケットを打ち上げる射場は、日本では鹿児島県の内之浦宇宙空間観測所と種子島宇宙センターが有名です。これらは日本の南に位置しています。世界各国も自国内の南寄り（正確には赤道寄り）の場所に射場を作っています。これは、地球の自転の勢いをロケットの打ち上げ速度に上乗せするためです。

地球の自転速度は緯度が低くなるほど速くなり、赤道付近では秒速約470mにもなります。そこで、赤道にできるだけ近い射場から、自転の向きと同じである東向きにロケットを打ち上げれば、自転速度をロケットに上乗せでき、加速が容易になるのです。

◎世界のおもなロケット射場

❶内之浦宇宙空間観測所（日本）
❷種子島宇宙センター（日本）
❸ケネディ宇宙センター（アメリカ）
❹ケープカナベラル宇宙軍施設（アメリカ）
❺ヴァンデンバーグ宇宙軍基地（アメリカ）
（アメリカ西部宇宙・ミサイルセンター）
❻ギアナ宇宙センター（フランス領ギアナ）
❼アンドーヤロケット射場（ノルウェー）
❽バイコヌール宇宙基地（カザフスタン）
❾ボストーチヌイ宇宙基地（ロシア）
❿太原衛星発射センター（中国）
⓫酒泉衛星発射センター（中国）
⓬西昌衛星発射センター（中国）
⓭文昌衛星発射センター（中国）
⓮サティシュ・ダワン宇宙センター（インド）
⓯羅老宇宙センター（韓国）

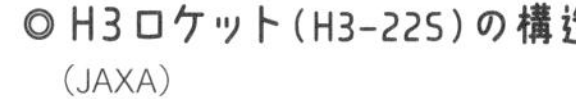

宇宙に行けるのは総重量の1%程度

◎ H3ロケット（H3-22S）の構造
（JAXA）

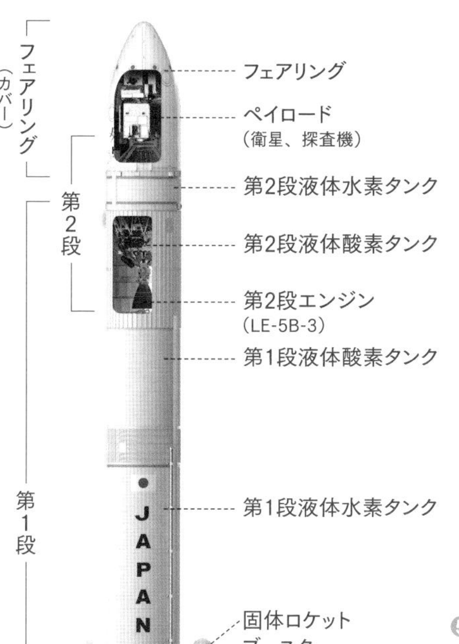

ロケットを高い高度まで打ち上げるために、大型ロケットの多くは多段式になっています。下段から順にエンジンを点火していき、途中で空になった燃料タンクや下段のエンジンを切り離すことで効率的に加速するのです。

ロケットの総重量のうち、燃料の重さは約90%、ロケットの機体の重さが約10%を占めます。ペイロード（ロケットが積んでいる探査機や人工衛星）の重さは約1%しかありません。つまり宇宙に行けるのは、ロケットの総重量のわずか1%程度にすぎないのです。

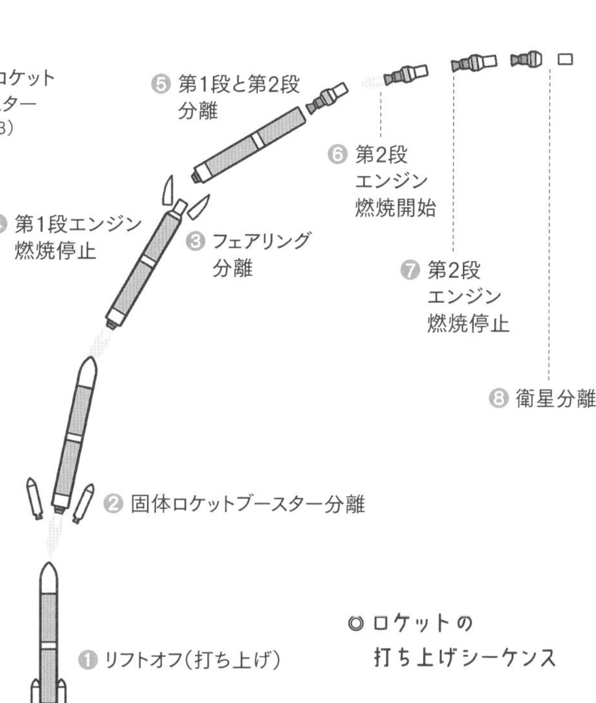

ワー！

◎ ロケットの打ち上げシーケンス

H3ロケットの特徴

日本の新型基幹ロケット

H3ロケットは、JAXAと三菱重工業が約2000億円をかけて共同開発した日本の新型ロケットです。今後20年間、日本の宇宙輸送を担う基幹ロケットになることが期待されています。

H3のHは、燃料に液体水素(水素の元素記号はH)を使う液体ロケットであることを表します。また3は、従来の主力ロケットだったH-IIAロケットからコンセプトを見直した、まったく新しいロケットであることを示します。IIIというローマ数字ではなくアラビア数字の3なのは、IIと混同しないためです。

H-IIAロケットは打ち上げコストが約100億円と高く、世界の衛星打ち上げビジネスの中で苦戦してきました。H3は打ち上げコストをH3-30S形態で半分の約50億円に抑えることを目指しています。

また、衛星をすぐに打ち上げたいというユーザーのニーズに応えて、受注から打ち上げまでの期間を約半分の1年半に短縮します。搭載する衛星の重量に応じて、補助ロケットである固体ロケットブースターの本数を最大4本に増やして推進力を上げるなどの柔軟性にも優れています。

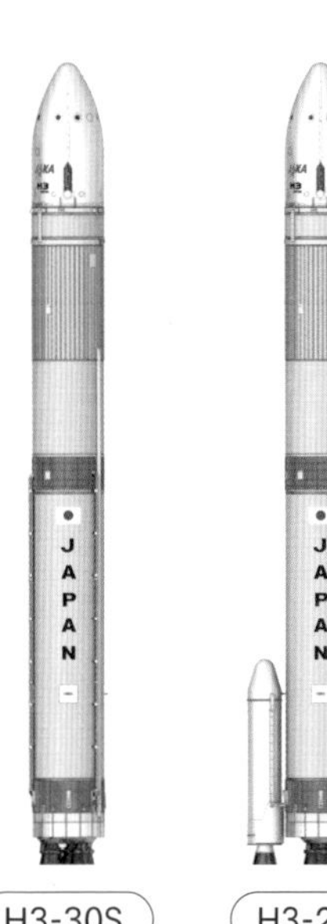

H3-30S

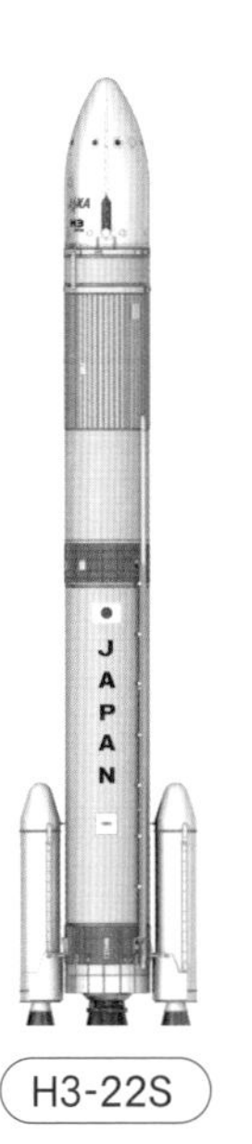

H3-22S

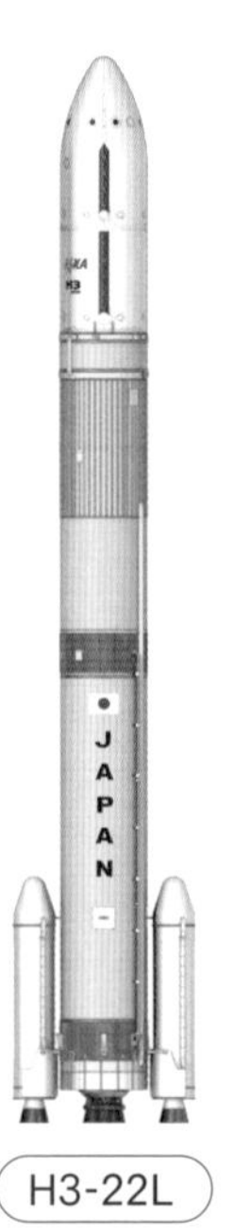

H3-22L

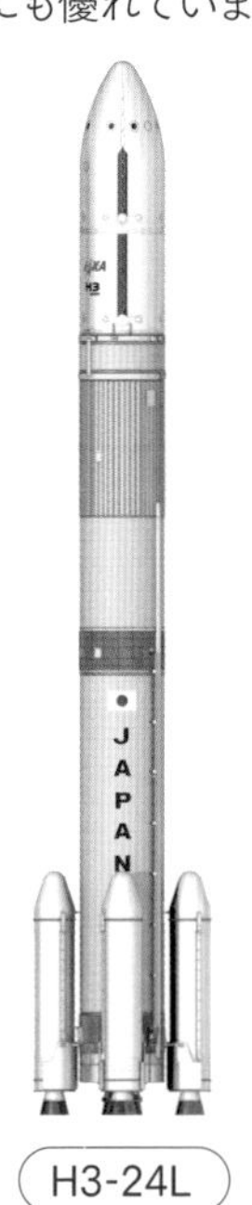

H3-24L

H3のラインナップは4種類、
幅広い打ち上げニーズを
カバーするよ!

H3ロケットのラインナップ。
機体形態は「H3-abc」で表し、
a:第1段メインエンジン(LE-9)
機数(2、3基)
b:固体ロケットブースター(SRB-3)
本数(0、2、4基)
c:フェアリングのサイズ
(L:ロング、S:ショート)
となっている。(JAXA)

新たなメインエンジン

H3ロケットでは、ロケットの心臓部といえるメインエンジンも新たに開発されました。それが「LE-9」です。

LE-9には日本独自のエンジン技術が採用されて、構造をシンプルにすることで、部品の数を従来の約3分の1に減らしました。これは信頼性の向上と同時に、コストダウンにもつながります。また電子部品の9割は自動車用のものを採用して、さらなるコストダウンを図りました。

H3ロケットのメインエンジンLE-9。（JAXA）

Column

初号機の打ち上げ失敗を今後に活かす

2023年3月7日、H3ロケットの初号機（試験機1号機）が種子島宇宙センターから打ち上げられました。しかし第2段エンジンが着火せず、所定の軌道に投入できる見込みがないことから、ロケットに指令破壊信号が送られ、打ち上げは失敗しました。搭載されていた地球観測衛星「だいち3号」も失われることになりました。

H3ロケットの打ち上げは、メインエンジンであるLE-9の開発が難航したために、当初の2020年度打ち上げ予定から遅れていました。しかし今回の失敗は、懸念されたLE-9ではなく、第2段エンジンのLE-5B-3の不具合であり、電気系統の異常などが考えられています。LE-5B-3はH-IIAロケットなどにも使われている第2段エンジンの改良型であり、その不具合はやや想定外といえるものでした。

初号機の打ち上げ失敗はショックですが、早期の原因究明と打ち上げ再開を期待するばかりです。

打ち上げられたH3ロケット初号機。この後、第2段エンジンに着火せず、打ち上げは失敗に終わった。（JAXA）

さまざまな月探査計画①

月にピンポイントで着陸せよ！

月面の狙った場所に降りるSLIM

日本の小型月面着陸機SLIM（スリム）はSmart Lander for Investigating Moonの頭文字をとったもので、直訳すると「月探査のための高性能着陸機」となります。2023年9月7日、H-IIAロケット47号機で打ち上げられました。打ち上げから3〜4か月後に月周回軌道に到着し、同4〜6か月後の着陸を見込んでいます。月面着陸に成功すれば、日本の探査機として初めての快挙です。

これまでの月探査機は、月面の目標地点から誤差数kmから十数kmという大雑把な範囲での着陸しかできませんでした。一方、SLIMは月の狙った地点へ誤差100mの範囲で降りることを目指しています。搭載したカメラの画像を頼りに、SLIM自身が自律的に判断して目標地点に近づきます。さらに、降下地点に岩などの障害物があれば、自分で避けて着陸できるのです。

月軌道に到着し、着陸地点を自律的に探すSLIMのイメージ。（JAXA）

SLIMの着陸の様子。減速を開始してから目標地点上空に探査機を誘導する「動力降下フェーズ」と、月面までの距離や速度をより正確に把握しながら降下を継続し、軟着陸を行う「垂直降下フェーズ」に分かれている。（JAXA）

わざと転んで着陸する？

SLIMの着陸地点は、月の「神酒の海」と呼ばれる場所の近傍にあるクレーターの近くです。ゆるやかな斜面になっているので、着陸時にSLIMが転倒する恐れがあります。そこでSLIMは、最初からわざと転んで着陸するという「2段階着陸方式」をとります。安全に月面に着陸するためのユニークな方式です。

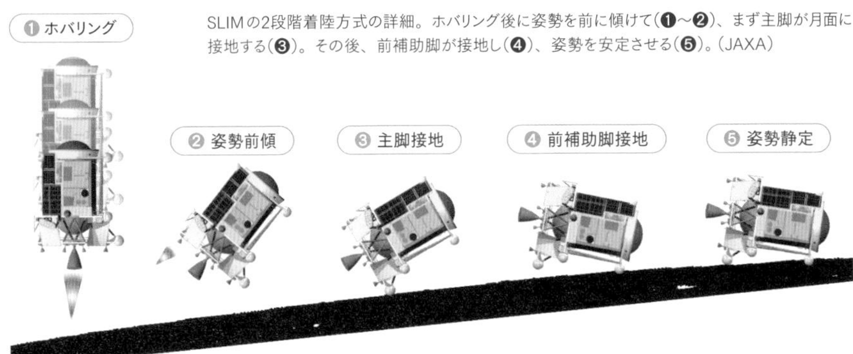

SLIMの2段階着陸方式の詳細。ホバリング後に姿勢を前に傾けて(❶～❷)、まず主脚が月面に接地する(❸)。その後、前補助脚が接地し(❹)、姿勢を安定させる(❺)。(JAXA)

ジャンプ！ 変形！ 2台の小型ローバー

またSLIMには2台の小型ローバー(探査車)「LEV」が搭載されています。中央大学、東京農業大学、和歌山大学などが開発したLEV-1は、バネの力で月面をジャンプして進みます。一方、玩具メーカーのタカラトミーやソニーグループ、同志社大学が開発したLEV-2(愛称SORA-Q：ソラキュー)は、直径8cmのボールから2輪型ローバーへ変形するという、まさに変形ロボットのようなローバーです。

SLIMに搭載される小型ローバーLEV-1(左)と LEV-2(右)。(JAXA)

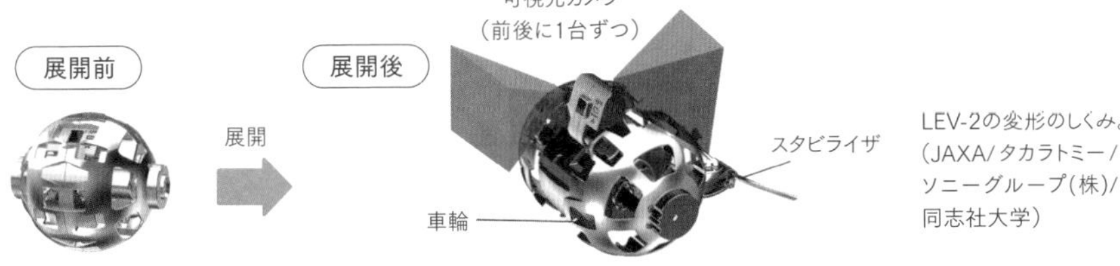

LEV-2の変形のしくみ。(JAXA/タカラトミー/ソニーグループ(株)/同志社大学)

さまざまな月探査計画②

月の水を探せ！

月の水を探すアメリカのローバー

月の極地にあるクレーター内に水が存在する可能性があることは、すでにお話ししました。月全体でどのくらいの水が存在するのかは、まだよくわかっていません。月の水の存在を直接確かめ、さらにその量をより正確に知るために、アメリカが進めている月探査計画が「VIPER」です。

この計画では、冷蔵庫サイズのローバーを月の南極域に降ろします。ローバーには4つの科学機器が搭載されていて、月の表面付近や地下にある水を探すことになっています。

当初は2019年の打ち上げ予定でしたが延期が相次ぎ、現在は2024年11月の打ち上げが予定されています。アメリカの民間企業アストロボティック社の月着陸船グリフィンが、ローバーを月面に運ぶことになっています。

月面で水の存在を探すVIPERのローバーのイメージ。（NASA/Daniel Rutter）

日本とインドも協力して月の水を探す

着陸機（右）から降りて移動を始めるLUPEXのローバー（左）のイメージ。（JAXA）

さらに日本もインドとの国際協働ミッションで月の水の探査計画を進めています。名前を「LUPEX」といい、Lunar Polar Exploration（月極域探査）という英語の頭文字から名づけられました。

LUPEXは2024年度以降に、日本のH3ロケットで打ち上げることを目指しています。月着陸機はおもにインドが担当し、VIPERと同じく月の南極域に着陸します。

ローバーの製作は、おもに日本側の担当です。これまでの観測データから水の存在が予想されている地点をローバーで観測し、水の量に関する実際のデータを得ることが目的です。また水の「量」だけでなく、分布やその状態、形態など、水の「質」に関する調査も行います。さらに、将来の月面活動に必要な「移動」「越夜」「掘削」等の重力天体表面探査に関する技術の獲得も目指しています。

VIPERとLUPEXによって、長らく謎とされてきた月の水について、多くの答えを得られることが期待されます。

LUPEXのローバーの走行試験の様子。（JAXA）

これからの火星探査計画

アメリカの火星サンプルリターン計画

マーズ・サンプル・リターン計画のイメージ図。パーサヴィアランス（左）が集めた火星岩石のサンプルを、サンプル回収ローバー（中央）で回収し、小型ロケット（右下）に積んで打ち上げる。それを地球帰還用探査機（右上）が引き取り、地球に持ち帰る。（NASA/ESA/JPL-Caltech）

1960年代から火星探査を続けてきたアメリカは、2020年7月に新たな火星探査ミッション「マーズ2020」の探査機を打ち上げました。ローバー「パーサヴィアランス」は2021年2月、かつて湖だったとされる火星のジェゼロ・クレーターに着陸しました。パーサヴィアランスはクレーター内で、火星の有機物や微生物が含まれている可能性がある岩石に穴を掘り、岩石のサンプルを採取して容器内に保存することに成功しています。

このサンプルを地球に持ち帰るのが、アメリカがヨーロッパと共同で進めている「マーズ・サンプル・リターン計画」です。まず、サンプル回収ローバー、小型ロケット、地球帰還用探査機を2028年に火星に送ります。サンプル回収ローバーは火星に着陸して、パーサヴィアランスが保存したサンプルを回収します。それを小型ロケットに載せ替えて火星から打ち上げ、火星の周回軌道に乗せます。一方、地球帰還用探査機は火星上空を周回していて、火星から打ち上げられたロケットを捕らえ、サンプルを引き取って地球に帰還します。地球帰還は2033年の予定です。

火星の衛星を探査する日本のMMX

一方、日本は火星の衛星を探査する計画「MMX（Martian Moons eXploration）」を進めています。

火星は2つの衛星、フォボスとデイモスを持っています。半径は約11kmと約6kmで、地球の衛星・月（半径約1737km）と比べてずっと小さな天体です。この2つの衛星がどのようにしてできたのかは、よくわかっていません。

MMXでは探査機がフォボスとデイモスに近づき、さらにフォボスに着陸してサンプルを採取して地球に持ち帰ることを目指します。フォボスのサンプルを地球でくわしく調べることで、火星の衛星の起源について新たな知見を得ることが期待されます。

またフォボスと火星とはたった6000kmしか離れていません。そのため、火星に小天体がぶつかると、火星の砂が巻き上げられて宇宙に飛び散り、それがフォボスに落下します。ですからMMXが持ち帰るフォボスのサンプルの中には、火星のサンプルも混じっている可能性があるのです。

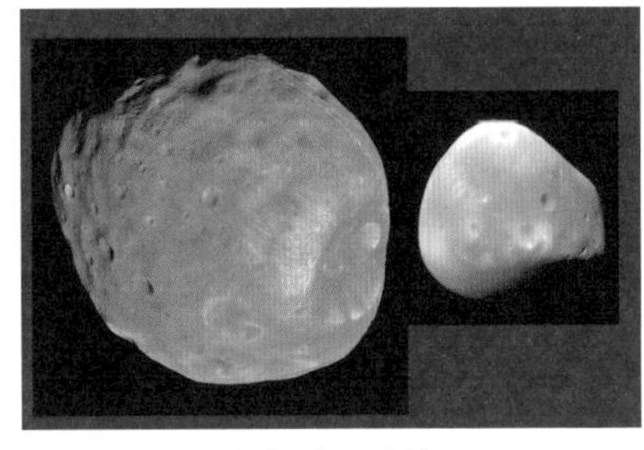

火星の衛星フォボス（左）とデイモス（右）。（NASA/JPL-Caltech/University of Arizona）

MMXは2024年度の打ち上げを目指して開発が進められています。探査機の火星圏への到着は2025年8月、サンプルの地球帰還は2029年9月というスケジュールが現在示されています。

フォボスの上空150kmからフォボスを観測するMMX探査機のイメージ。背後には火星が見えている。（JAXA）

人類はいつ火星に降り立つ？

有人火星探査の見通し

火星探査の究極の目標は、人間が直接火星を訪れる有人火星探査です。有人月探査を行うアルテミス計画は、将来の有人火星探査の足がかりと位置づけられています。アメリカは月面や月上空に建設するゲートウェイで宇宙飛行士の訓練を行い、2030年代に有人火星探査を実施することを目指しています。火星への宇宙船には、スペースX社が開発中のスターシップが使われる見込みです。

しかし有人火星探査は最短でも2〜3年かかる長期ミッションです。これまで宇宙飛行士が連続で宇宙に滞在したのは1年程度であり、数年に及ぶ長期ミッションに人間の心身が耐えられるのか、まだわかっていません。1兆ドルを優に超えるであろう巨額のミッション費用を捻出できるのかも不明です。

一方で、中国も2030年代の有人火星探査を打ち出しています。火星の赤い大地を人類が踏みしめる日は、それほど遠くないのかもしれません。

火星で探査を行う宇宙飛行士のイメージ図。（NASA）

原子力推進ロケットで火星へ？

2023年1月、NASAとアメリカ国防総省傘下の国防高等研究計画局（DARPA）は、有人火星探査を見すえた原子力推進ロケット「X-NTRV」のエンジンの実証試験を2027年にも行うと発表しました。

この新型ロケットのエンジンは、小型原子炉での核分裂によって得られた熱で推進剤を高温にし、膨張させて噴射します。従来の固体ロケットや液体ロケットのエンジンと比べて、同じ量の推進剤から3倍以上のエネルギーが得られるとのことです。

原子力推進ロケットを使えば、現在は約9か月かかる火星までの所要時間を4か月程度にできるといいます。有人火星探査の切り札となるのがこの新型ロケットなのかもしれません。

原子力推進ロケット「X-NTRV」のイメージ図。（NASA）

Column

火星探査と惑星保護

惑星保護（プラネタリー・プロテクション）とは、ある惑星（天体）の環境を他の惑星に由来する微生物や物質で汚染しないようにする取り組みのことです。地球から微生物や地球由来の物質などを相手の天体に持ち込まないことと、地球に地球外微生物などを不用意に持ち帰らないことの、両方を含みます。

現在の火星探査では、探査機は地球で加熱処理や薬品を使って部品を滅菌・減菌したり、組み立てをクリーンルームで行ったりしています。それでも微生物の付着をゼロにはできないので、今も火星生命が生きているかもしれない場所、具体的には液体の水が存在する可能性がある場所には、探査機やローバーが近づかないようにしています。

将来、今も生きている火星生命の探査を行う場合には、探査機の滅菌などをさらに徹底する必要があります。また将来の有人火星探査では、人間を滅菌することはできません。したがって火星生命がいそうな区域に人類が立ち入らないようにする取り決めが必要でしょう。

クリーンルーム内で組み立てが行われるESAの火星着陸機「スキャパレリ」。（ESA）

木星の氷衛星に生命を探す

木星や土星の氷衛星は海を隠し持つ

太陽系最大の惑星である木星と、美しいリングを持つ土星には、それぞれ95個と146個の衛星が見つかっています（2023年5月末時点）。これらのうち、表面が氷に覆われているものを氷衛星（アイシームーン）と呼びます。

そうした氷衛星の中には、表面を覆う氷の下に液体の海（内部海）が広がっていると予想されているものがあります。木星や土星の巨大な重力が衛星を揺さぶって地熱を発生させ、氷を内側から溶かして内部海ができたと考えられています。

海があるのなら、太古の地球のように、そこで生命が誕生し、今も生きているかもしれません。魚のような高等生物はいなくても、微生物なら十分に可能性はあると科学者は考えています。

木星の第2衛星エウロパの内部海の想像図。エウロパの表面の氷の厚さは数十kmで、その下にある内部海の深さは100kmもあると予想されている。（NASA/JPL-Caltech）

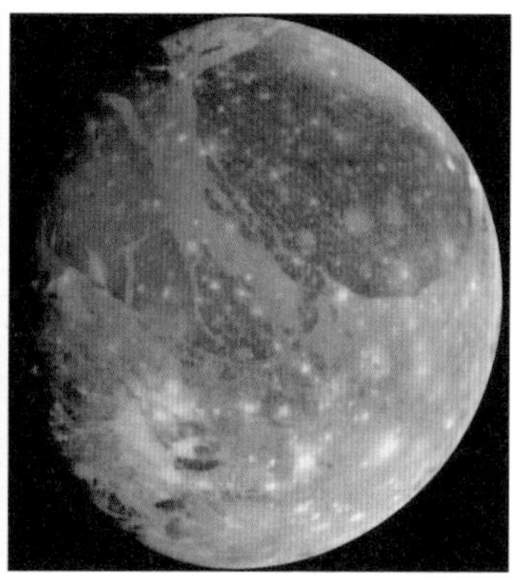

アメリカの探査機ガリレオ（1995年木星到達）が撮影した、木星の第3衛星ガニメデの画像。太陽系最大の衛星（月の大きさの約1.5倍）であるガニメデも内部海を持つと考えられている。（NASA/JPL）

土星の氷衛星エンケラドスも
全球規模の内部海を持ち、
そこには生命がいるかもしれない
と考えられているよ！

氷衛星を探査する2つのプロジェクト

現在、木星の氷衛星を探査する2つのプロジェクトが進められています。

1つは、ヨーロッパが立案し、日本やアメリカなどが協力する「JUICE（ジュース）計画」です。JUICEはJUpiter ICy moons Explorer（木星氷衛星探査）から名づけられました。

2023年4月、JUICEの探査機が打ち上げに成功しました。2031年に木星系に到達し、エウロパやガニメデなどをフライバイした後、2034年にガニメデ周回軌道に投入される予定になっています。

JUICEの目的の1つは、ガニメデなど木星の氷衛星を観測して生命の存在の可能性を調べることです。また、氷衛星の観測から木星系誕生の様子、さらには太陽系誕生の様子を探る手がかりを得ることも期待されます。太陽系でもっとも強い磁場を持つ木星の磁気圏の観測も行われます。

もう1つの計画が、アメリカが進める「エウロパ・クリッパー」で、おもにエウロパの観測を行います。2024年の打ち上げ、2030年の木星到達が予定されています。

JUICE計画のイメージ図。左上がJUICE探査機、中央が木星、右下にガニメデが描かれている。
（spacecraft: ESA/ATG medialab; Jupiter: NASA/ESA/J. Nichols (University of Leicester); Ganymede: NASA/JPL; Io: NASA/JPL/University of Arizona; Callisto and Europa:NASA/JPL/DLR）

Column

宇宙強国を目指す中国、猛追するインド

かつて宇宙開発といえば、アメリカと旧ソビエト連邦の2大大国が牽引し、ほぼ独占していた状態でした。しかし現在、宇宙開発で大きな存在感を示しているのは、中国とインドです。

中国は2000年代以降、「宇宙強国」を目指して、有人宇宙船「神舟（しんしゅう）」シリーズや月探査機「嫦娥（じょうが）」シリーズを次々と打ち上げてきました。特に嫦娥シリーズ（嫦娥とは古代中国の神話に登場する月の女神のこと）では、2007年の嫦娥1号を皮切りに周回機や着陸機を相次いで月に送り込み、2020年の嫦娥5号では月からのサンプルリターンを成功させました。

今後も嫦娥シリーズを続けながら、2030年までに宇宙飛行士を月に送ることや月面基地を建設することを宣言しています。月面基地の計画にはロシアやパキスタン、UAEなどが参加を表明し、アメリカを中心としたアルテミス計画に対抗するものとなっています。

月面の嫦娥5号のイメージ図。（中国新聞社）

打ち上げ準備中のチャンドラヤーン3号。着陸機（上部）と推進モジュール（下部）が結合されている。（ISRO）

月開発でつばぜり合いを演じるアメリカと中国を猛追するのがインドです。2009年にインド初の月探査機（周回機）チャンドラヤーン1（チャンドラは月、ヤーンは乗り物の意味）を打ち上げました。そして2023年7月にチャンドラヤーン3を打ち上げ、8月にはインド初の月面着陸を見事に成功させました。すでに紹介したように、インドは日本と協働で、月の南極で水を探す「LUPEX」（57ページ）も進めています。

地球でもインドはアジア・アフリカ・南米などの新興国・途上国の中心として影響力を強めていますが、宇宙開発においても台風の目になる可能性は十分にあるでしょう。

2章

ちょっと宇宙に行ってきます！

多くの人が気軽に宇宙を訪れ、宇宙で働く時代が、いよいよやって来ます。宇宙旅行や宇宙ビジネスの最新の話題や、宇宙資源の問題など、宇宙を身近に感じるトピックスをまとめました。

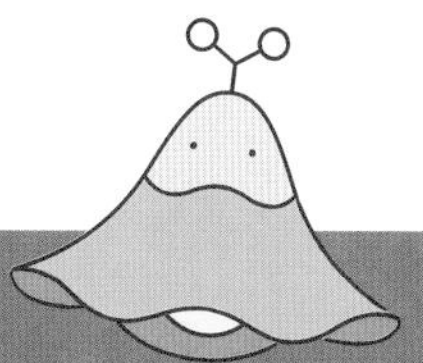

宇宙飛行士・山崎直子さんインタビュー

宇宙って どんなところですか？

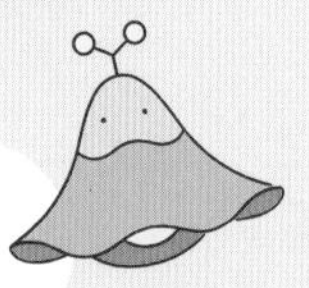

これまでに宇宙に行った人は、全世界でわずか600人ほど、日本人は世界で4番目の14人が宇宙を訪れています（2023年3月時点）。そのうちの1人が、宇宙飛行士の山崎直子さんです。多くの人が宇宙に行けるようになる時代がすぐそこまで来ている今、山崎さんに宇宙のことを教えてもらいました。

（JAXA）

● 山崎直子さん プロフィール
1970年生まれ。幼い頃から星や宇宙に興味を持つ一方、学校の先生にも憧れる。東京大学大学院修了後、NASDA（宇宙開発事業団。現JAXA）にエンジニアとして入る。1999年、宇宙飛行士候補者に選抜され、2001年に宇宙飛行士として認定。2010年、スペースシャトル「ディスカバリー号」によるミッションで国際宇宙ステーション（ISS）に滞在。物資移送作業の取りまとめや、ISSのロボットアームの操作などを担当。2011年にJAXAを退職。現在は国の宇宙政策委員会委員や大学客員教授のほか、宇宙港の開港を目指す一般社団法人「Space Port Japan」の代表理事を務めるなど、宇宙への間口を広げる活動に取り組む。寺薗淳也さんとはNASDA時代からの同僚・友人。

Q. 実際に宇宙に行かれた時に、予想外だったこと、想像を超えるようなことはありましたか？

A.

スペースシャトルが打ち上がり、国際宇宙ステーションに近づく際に、レーダーが使えなくなり、星からスペースシャトルの位置などを計算するシステムに切り替えました。星を頼りに海を渡った大航海時代のようでしたね。

また、飛行機を使った訓練や水中での訓練で無重力状態やそれに近いものを体験する機会はあったのですが、宇宙船の中で実際に無重力を感じた時に、想像以上に楽しく、またなつかしい感じがしました。宇宙はふるさとであり、地球も私たちも宇宙の一部だと感じました。宇宙は特殊な環境のように思われがちですが、宇宙船の中で生活をしていると、だんだんと慣れてきて、それが新しい常識になっていきました。案外、宇宙での生活に慣れるんだなということが意外でしたね。

ISSに集まった山崎さん（左から2人目）ら各国の女性宇宙飛行士たち。（NASA）

Q. 宇宙で業務や実験をされた時、何を考えていましたか？自由時間にはどんなことをされていましたか？

A.

宇宙での研究や実験は、多くの研究者や関係者の皆さんが何年も準備をしてきたものなので、そうしたみなさんのことを思いながら活動していました。自由時間には、窓から地球を眺めることが何よりのリフレッシュでした。昼間は大自然が力強く、夜は夜景が輝き、文明が力強く感じました。日の出や日の入りも神秘的で、見ていて飽きることがありませんでしたね。地球そのものが生きているようで、その上でたくさんの命が生きている、命の輝きのように思えました。

ISS滞在中に琴を演奏する山崎さん。（NASA）

Q. 宇宙に行った後で、ものの見方や考え方が変わったりしましたか？

A.

宇宙に行く前は、宇宙が特別で憧れと思っていました。でも実際に宇宙に行くと、真っ黒な宇宙空間の中で青く輝く地球のほうが特別で憧れの存在だと、見方が変わりました。また、地球に戻ってきた時に、重力の重さに驚くとともに、微風や草木の香り、土の感触、空気のおいしさなどに感動しました。ふだん当たり前と思っている身の回りの自然などは、当たり前ではなくありがたいものなのだと感じました。

ISSの日本実験棟「きぼう」の窓辺にて。窓の外には青い地球が見える。(JAXA)

Q. 将来、また宇宙に行く機会があれば、どんなことをしたいですか？

A.

より長く宇宙に滞在したいですし、月まで行きたいと思います。月に寺子屋をつくれたらいいなと思っています。世界中から生徒が集まって、月から地球を見ながら、一緒に地球のこと、宇宙のことを学べたらすてきだと思いますね。

Q. 月や火星へ移住できるような時代はいつごろ来ると思いますか？ 100年後、人類は宇宙のどこまで進出できていると思いますか？

A.

月は片道3日間の距離ですが、火星は何かあっても地球に戻るのに半年はかかる距離なので、火星のほうがよりチャレンジングですが、地上からの物資補給に頼りながら住むのであれば、2030年代には住み出すこともできるでしょうし、2040年代には移住する人も出てくるのではと思います。補給に頼らず、完全に月や火星で循環型の社会をつくるのは、まだまだ課題が多いと感じています。

100年後には、土星近辺まで人類が探査できるようになっていくのではないでしょうか。また、月や火星、あるいは宇宙ステーション/コロニーなどで誕生し、一生を過ごす人も出てくると思います。その他にも、ロボットと人間が融合していったり、バーチャル空間がより発達したり、人類の多様性がますます広がっていく時代になると思います。人間とは何なのか、どう共存し、平和な社会を築いていくのかがより大切になります。

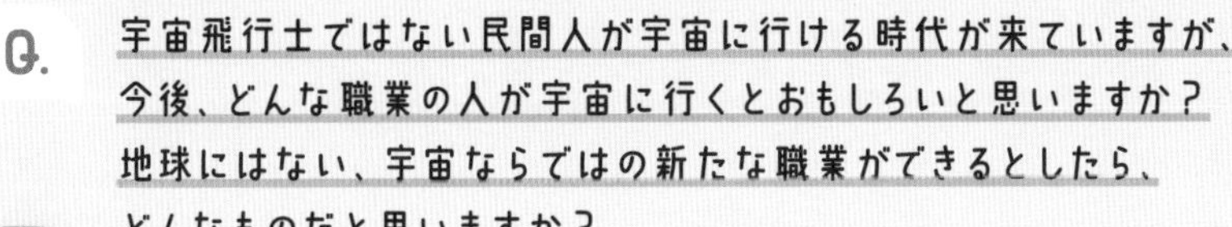

Q. **宇宙飛行士ではない民間人が宇宙に行ける時代が来ていますが、今後、どんな職業の人が宇宙に行くとおもしろいと思いますか？地球にはない、宇宙ならではの新たな職業ができるとしたら、どんなものだと思いますか？**

A.

芸術家のみなさんが宇宙に行って、どんな表現をされるのか関心があり、dearMoonプロジェクト（81ページで紹介）も注目しています。宇宙での料理人、インフラ構築・点検、宇宙農家、先生、医者、清掃担当など地上で考えられる職業は、宇宙まで広がっていくような気がします。宇宙ならではといえば、それぞれ異なる重力を活用したリハビリ士、スポーツトレーナー、運動選手なども活躍しそうです。

Q. **人類の宇宙進出が今後進んでいく上で、解決しておかなければならないことや議論すべきことは何でしょうか？**

A.

特に火星への有人探査は、惑星保護が大切になってくると思います。火星には微生物が存在している可能性があります。火星にもし生命がいたとしたら、地球から持ち込んだ菌類によって火星生命に影響を与えないように、注意が必要です。まずは滅菌した無人探査機でできるだけ科学的データを取得し、人が行く場合も、エリアを区切って徐々に広げていくなど、順番を考えていくことが大切でしょう。火星から地球に人が戻ってくる場合も同様で、お互いがお互いの惑星を保護するという概念が重要になります（61ページも参照）。その他にも多くの課題があり、さまざまな分野が協力していくことが大切です。

読者のみなさんへのメッセージ

宇宙は遠いところではなく、地球も宇宙の一部であり、ふるさとのような場所だと思います。そして人類は、地球から宇宙という大海原に出ようとしています。人類の可能性を広げ、それによって地球を守ることにもつながっていく、そうした可能性を広げる場が宇宙だと思います。そのためには、さまざまな分野の方が一緒に宇宙開発に取り組むことが大切です。重力の壁を超えて宇宙まで人類の活動領域が広がった時、どんなことができるか、みんなで考えていくことが大切です。想像力を豊かに、世界を広げていきましょう！

2021年12月1日に開催された「宇宙飛行士候補者 採用説明会」のオンラインイベントで、宇宙飛行士の仕事についてトークセッションを行う山崎さん。（JAXA）

あなたも宇宙飛行士になれる？

新たな日本人宇宙飛行士候補者が選抜！

2023年2月、JAXAは新たな宇宙飛行士候補者2名を選抜したことを発表しました。今回選ばれたのは、米田あゆさんと諏訪理さんです。米田さんは日本赤十字社医療センターの外科医、諏訪さんは世界銀行の上級防災専門官でした。

JAXAが宇宙飛行士候補者を募集したのは13年ぶりでした。所定の応募手続きを完了したのは4127名で、その後は複数回の試験を経て候補者が絞り込まれていきました。最終的に合格したのは2名と、まさに狭き門です。

とはいえ、米田さんと諏訪さんもまだ「候補者」です。この後、JAXAでさまざまな訓練を受けた後、正式に宇宙飛行士として認定されることになります。2人はアルテミス計画で月に降り立つ可能性もあります。

JAXAの宇宙飛行士候補者に選抜された米田あゆさん（左）と諏訪理さん（右）。諏訪さんは記者会見にリモートで参加し、会場の米田さんと画面越しに握手を交わした。（JAXA）

宇宙飛行士候補者の応募資格

今回の宇宙飛行士候補者の募集は、前回（2008年）と比べて、応募資格が大幅に緩和されました。応募資格は「3年以上の実務経験を有する」こと、「身長：149.5～190.5cm、視力：遠距離視力両眼とも矯正視力1.0以上、色覚・聴力：正常という医学的特性を有する」こと、の2つのみです。

前回の募集では、自然科学系の学歴と職務経験という要件がありました。しかし学歴は不問となり、職務経験も自然科学系に限定されなくなったのです。これは宇宙飛行士に理系の知識が不要となったわけではなく、選抜試験においてSTEM（科学、技術、工学、数学）分野の国家公務員総合職採用試験相当の試験が課されています。

しかし文系出身者でも応募できるようになったこともあり、応募人数は前回の963名から大幅に増えて4127名となりました。JAXAによると、そのうち約3割は自然科学系以外の出身者であり、最終選抜である第3次選抜に臨んだ10名のうち、1人は文系出身者だったそうです。

募集要項には年齢の要件もありません。今回合格した諏訪さんは、過去5回では史上最年長の46歳でした。

船外活動を行う星出宇宙飛行士。（JAXA/NASA）

学歴

- 前回（2008年）：4年制大学（自然科学系）卒業以上
- 今回：不問

専門性実務経験

- 前回：自然科学系（※1）分野における3年以上の実務経験（※2）
- 今回：3年以上の実務経験（※2）

※1 理学部、工学部、医学部、歯学部、薬学部、農学部等

※2 修士号取得者は1年、博士号取得者は3年の実務経験とみなす

医学的要件

- 前回：身長 158～190cm 体重 50～95kg
- 今回：身長149.5～190.5cm

宇宙飛行士に求められる資質は？

新たに加わった「表現力・発信力」

従来の宇宙飛行士候補者の選抜試験において、JAXAは宇宙飛行士に求める資質として、協調性やリーダーシップ、さまざまな環境に対する適応能力などを挙げてきました。今回はそれらに加えて「表現力・発信力」が強く求められたことが特徴的でした。エントリーシートには「自己アピール」の項目が加わり、選抜試験ではプレゼンテーション試験が3回も実施されたのです。

今回選抜された候補者は、将来、アルテミス計画に参加して、月面を歩く初の日本人になる可能性があります。ミッション参加により得た経験や成果を世界中の人々と共有し、人類の持続的な発展や次世代に貢献するために、豊かな表現力・発信力を有する人材が求められたのです。

JAXA相模原キャンパス内にある屋内施設「宇宙探査フィールド」は、月や惑星の環境を模擬することができる。今回の選抜試験の3次選抜において、受験者たちはここで自分たちが製作した小型の探査車を遠隔操作で走らせる課題などに取り組んだ。画像はその準備の様子。（JAXA）

◎ 2021～2022年度
宇宙飛行士候補者選抜試験の流れ

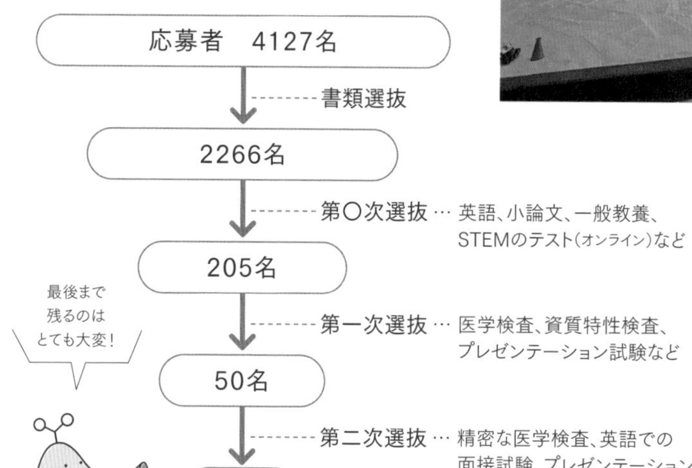

宇宙飛行士はどんな仕事をする？

現在のJAXAの宇宙飛行士の任務は、国際宇宙ステーションに数か月から半年ほど滞在して、各種実験や運用に携わることが中心です。実験は、微小重力など宇宙ならではの特殊な環境を利用した科学実験や研究を実施しています。一方、運用としては、国際宇宙ステーションや日本実験棟「きぼう」の維持管理や修理などで、ロボットアームを操作しての作業や船外活動も行います。今後はアルテミス計画や他の惑星への有人探査計画が進むにつれて、宇宙飛行士の仕事はより拡大していくことでしょう。

宇宙飛行士が宇宙にいる期間はわずかであり、それよりもずっと長い時間を地上で過ごします。地上での業務は、宇宙にいる宇宙飛行士を地上からサポートする役割や、実験装置の開発、各種運用計画の立案などです。また日頃から訓練は欠かせませんし、特定のミッションのため長期間訓練を受けることもあります。さらに、講演会やイベント、教育プログラムへの参加、メディア対応などを通して、宇宙での活動や体験を広く伝えることも重要な仕事です。

船外活動を行う若田宇宙飛行士。（JAXA/NASA）

細胞培養装置の作業を行う油井宇宙飛行士。（JAXA/NASA）

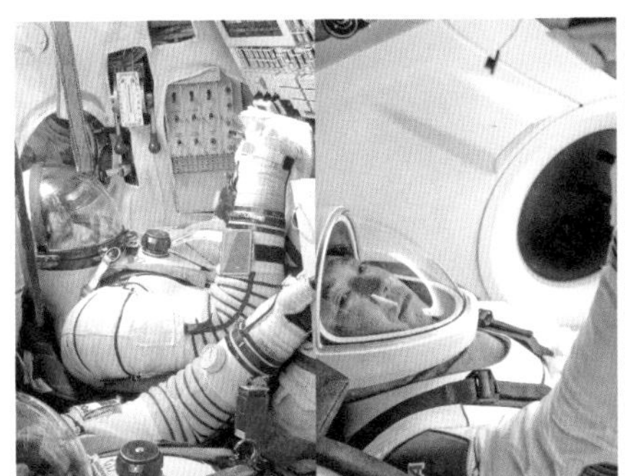

（左）ソユーズ宇宙船シミュレーション訓練を行う大西宇宙飛行士ら。（JAXA/GCTC）（右）クルードラゴン宇宙船に関する訓練を行う古川宇宙飛行士。（SpaceX）

NASAミッション・コントロール・センターで国際宇宙ステーション補給機「こうのとり」9号機のCAPCOM（宇宙飛行士との交信）を担当する金井宇宙飛行士。（JAXA/NASA/Josh Valcarcel）

身近で役立つ宇宙技術のスピンオフ①

宇宙食として開発されたフリーズドライ食品

スピンオフと聞くと、映画やドラマの派生作品のことをイメージするかもしれません。じつは宇宙の技術を日用品などに転用することも、スピンオフといいます。身近で活躍する宇宙技術のスピンオフを紹介しましょう。

カップ麺などのフリーズドライ食品は、NASAのアポロ計画などで開発された技術による食品です。普通の食品には多くの水分が含まれていますが、これを一度冷凍(フリーズ)して水分を氷に変え、そのまま真空状態で乾燥(ドライ)します。すると氷が気体に変化して食品から抜けて、フリーズドライ食品になります。軽量で長期保存に優れ、お湯をかければ元の状態に復元でき、栄養や味・香りの損失も少ないのが特徴です。

宇宙食も現在では非常に進化して、フリーズドライ食品以外にもレトルト食品、乾燥フルーツなどの半乾燥食品など300種類を超えています。新鮮な果物や野菜をそのまま宇宙に持っていくこともあります。

さまざまな宇宙日本食(2023年6月時点)。宇宙日本食は、日本の家庭で普段食べられているものをベースとし、JAXAが認定した宇宙食のこと。カレーやハンバーグ、うなぎの蒲焼き、「柿の種」、「ホテイやきとり」、「リポビタン JELLY FOR SPACE」など。各国のクルーにも好評とのこと。(JAXA)

エマージェンシーシート

災害時や登山における遭難時などの非常時に使う、極薄素材でできた防風・防寒・防水用のシートをエマージェンシーシート(エマージェンシーブランケット)といいます。ポリエステル製のフィルムにアルミニウムを蒸着して作られているものが多いです。これはNASAが人工衛星や探査機用に開発した、断熱材として貼り付ける素材を一般向けに商品化したものです。

アポロ12号の月着陸船の下部についている、金色に光っているものが断熱材。これを一般用にスピンオフしたものがエマージェンシーシートである。(NASA)

マットレスや枕などの低反発素材

低反発のマットレスや枕の代名詞である「テンピュール®」の素材は、NASAによって開発されました。スペースシャトルの打ち上げや地球帰還時にかかる強烈な加速度や振動などにより発生する衝撃から宇宙飛行士を守るために 、低反発素材が開発されたのです。その後、長時間座ったり、横になっても疲れにくいといった特性を活かし、自動車の座席やマットレス、枕などへの応用が広まりました。

テンピュール®の枕。(テンピュール®)

消防服の耐熱繊維 PBI

PBI(ポリベンズイミダゾール)は1950年代にアメリカで誕生した、耐熱性の高いプラスチックです。その後、NASAとAFML (米空軍材料研究所)によって不燃性のPBI繊維が開発され、宇宙服の素材に採用されました。

1990年代からはPBI繊維を使った消防服がアメリカの主要都市の消防局で採用されるようになりました。900℃まで耐えられるPBI消防服が消防士たちの命を守っています。特徴的なゴールドの色は、PBI繊維の色です。

消火活動を行うアメリカの消防士
(Los Angeles Fire Department)

身近で役立つ宇宙技術のスピンオフ②

ダイヤカットの缶チューハイ

缶チューハイに「ダイヤカット缶」と呼ばれるアルミ缶があります。胴の部分には三角形を立体的に組み合わせたでこぼこの加工が施されています。缶を開けると、ダイヤカットの模様がくっきりと現れます。

1960年代にNASAで超音速機の胴体の破壊について研究していた東京大学航空研究所(JAXAの前身の1つ)の三浦公亮(こうりょう)氏は、PCCPシェルという高い強度を持つ円筒の構造体を発見しました。それを日本の東洋製罐(株)が応用し、ダイヤカット缶を開発したのです。

ダイヤカットのアルミ缶(左)とスチール缶(右)。スチール缶の場合は、同じ厚みのストレート缶に比べて強度が3倍にも達する。(東洋製罐(株))

消臭下着

一般販売されている消臭機能のあるシャツ。消臭機能は洗濯のたびに復元する。((株)ゴールドウイン)

国際宇宙ステーションの内部は換気ができず、また宇宙飛行士はシャワーを浴びることもできないため、臭いの問題が悩みの種でした。そこで汗の臭いと加齢臭を大幅に減少させる素材「マキシフレッシュプラス」をJAXAと(株)ゴールドウインが共同で開発し、宇宙下着を作りました。これを一般向けにした商品も販売されています。

エアバッグやスパイクシューズ

自動車のエアバッグを一瞬で膨らませるためのガス発生器に、JAXAが開発した固体ロケット点火用の火工品技術が応用されています。

また、JAXAが宇宙往還機(スペースプレーン)の材料を開発する過程で傾斜機能材料という概念が生まれました。たとえば機体の材料の外側を耐熱性セラミックス、内側を高強度の金属で作り、その組成を連続的(傾斜的)に変化させることで、セラミックスと金属の両方の特性を活かすことができます。傾斜機能材料の考えは、野球のスパイクシューズ(スパイクの先端だけ強度の高い合金を使用)や電気シェーバーの刃などさまざまなものに利用されています。

太陽電池パネルも地図も広げるミウラ折り

ミウラ折りは、ダイヤカット缶のもととなったPCCPシェルを発見した三浦公亮氏が宇宙構造工学の研究に基づいて考案したもので、小さな力で大きく開く折りの技術のことです。

通常の折りは、直線・直角に折れていますが、ミウラ折りは折り線がジグザグで、1つ1つが平行四辺形になります。この折り方をすると広げる際にどこか1か所の折り目に力が集中してかからず、全体に均等にかかります。そのために紙が破れにくくなるのです。また広げるのもたたむのも一瞬でできて簡単です。そのため、地図などにミウラ折りが採用されています。

宇宙での利用例としては、人工衛星の太陽電池パネルを広げる機構にミウラ折りが使われ、見事に成功しました。

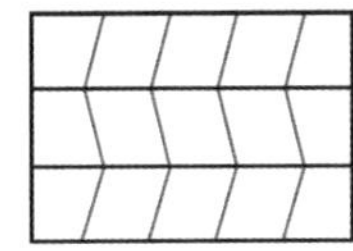

ミウラ折りの地図と、ミウラ折りの折り方。（(株) 井上総合印刷）

フムフム

Column

ソガメ折りで月面基地を建設？

ミウラ折りの立体版が、宇宙建築の専門家である東海大学・十亀昭人氏が考案したソガメ折りです。図のように、ソガメ折りを使うことで、円筒形の構造物を一瞬でたたんだり広げたりすることができます。

これを応用すれば、月面基地を小さく折りたたんでロケットに積み、月に着いたらパッと広げて短時間で月面基地を建設するといったことも可能です。実際にその実現を目指す日本のベンチャー企業もあります。また、ソガメ折りを使った災害時用の仮設住居も考案されています。

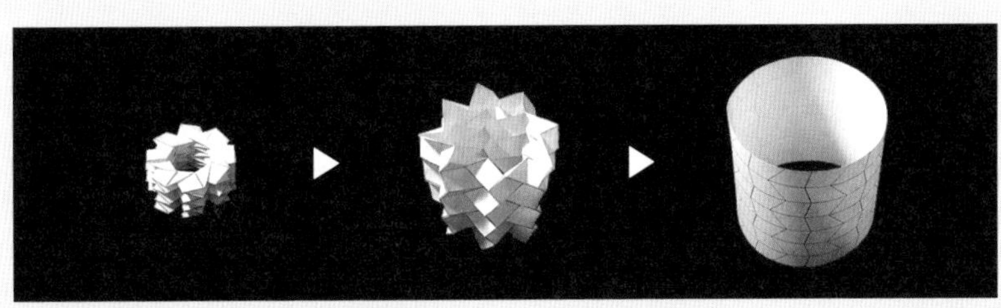

ソガメ折りの構造物を広げる様子。（十亀昭人）

「誰でも宇宙旅行」の時代はもうすぐ？

宇宙旅行と宇宙飛行の違い

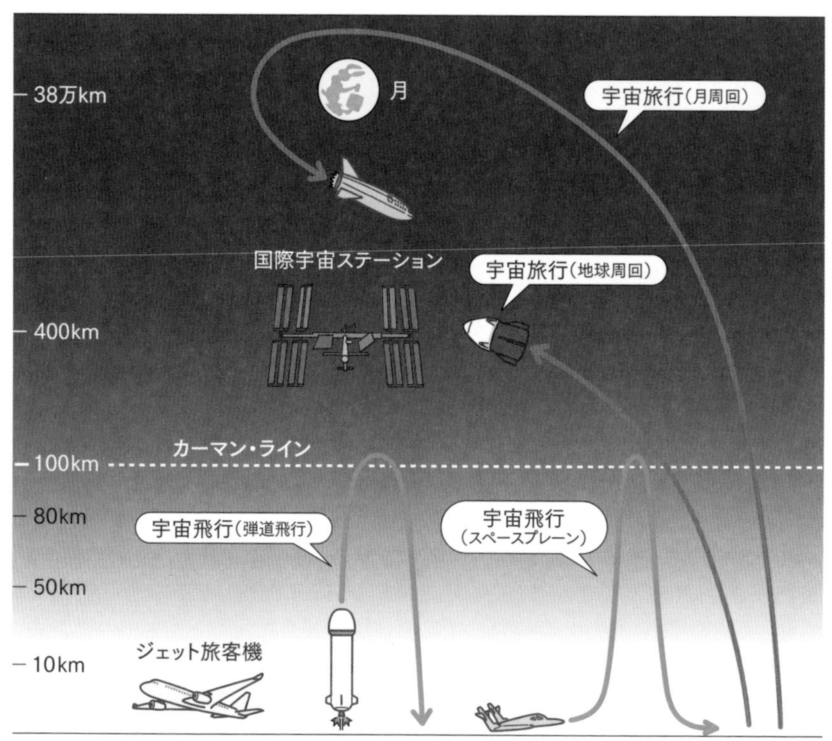

近年、宇宙ベンチャーなど民間の手による宇宙ビジネスが大きな話題を集めています。中でも注目されるのが、宇宙旅行ビジネスです。2021年には8回の打ち上げで30人近い民間人が宇宙を訪れ、宇宙旅行元年とも呼ばれました。

宇宙旅行と似た言葉に、宇宙飛行というものがあります。両者の厳密な定義や区別はありませんが、上空100kmのカーマン・ライン（48ページ）を超えて宇宙空間に入り、数分から数時間程度の「宇宙体験（無重力など）」をして戻ってくるものが、宇宙飛行といえるでしょう。宇宙旅行はそれよりも長く、数日以上は宇宙空間に滞在して帰ってくるものを指すことが多いです。

ブルーオリジンの宇宙船で宇宙飛行

とにかく宇宙へ行ってみたい方にオススメなのは、アメリカのブルーオリジン社の有人宇宙船「ニューシェパード」を使った宇宙飛行です。

ブルーオリジンはアマゾン・ドット・コムの設立者である実業家ジェフ・ベゾス氏が設立した企業です。2023年5月には、アルテミス計画で使用される月着陸船「HLS」の開発を担当する2番目の企業としてNASAから選定されました（最初の企業はスペースX）。

ニューシェパードを使った宇宙飛行では、打ち上げ後3分半ほどで高度100kmの宇宙空間に達し、無重力状態を5分ほど体験できます。窓からは青い地球の姿を眺めることもできます。帰りはパラシュートのついたカプセルで地上へ帰還します。料金は20万ドル（1ドル＝140円で約2800万円）からとなっています。ブルーオリジン社のウェブサイトで旅行の予約が可能ですが、実際の商業サービスは2023年7月時点でまだ始まっていません。

ニューシェパードの打ち上げの様子。（Blue Origin）

スペースプレーンで宇宙を訪れる

宇宙飛行のもう1つのオススメは、アメリカのヴァージン・ギャラクティック社の有人宇宙船「スペースシップ2」を使うものです。この宇宙船は「ホワイトナイト」という母船に載って離陸して、高度15kmで母船から射出されて宇宙に向かうという「スペースプレーン型」で宇宙飛行を行います。

スペースシップ2は高度約90kmまで達し、4分ほど無重力状態を体験できます。上空100kmのカーマン・ラインは超えていませんが、高度50マイル（80km）を超えることで彼らは宇宙飛行とみなしています。帰りはスペースシップ2でグライダーのように滑空して着陸します。料金は45万ドル（約6300万円）です。

2023年6月に、第1回の商業飛行が行われ、無事に成功しました。8月以降は毎月商業飛行が実施される予定です。

試験飛行を行うスペースシップ2。（Virgin Galactic）

月旅行のお値段はいくら？

国際宇宙ステーションの訪問ツアー

2021年12月、実業家の前澤友作氏とマネージャーの平野陽三氏が、日本人初の宇宙旅行者として国際宇宙ステーションを訪れました。彼らはアメリカのスペース・アドベンチャーズ社と契約し、ロシアのソユーズ宇宙船を使って宇宙旅行をしたのです。

前澤氏たちの宇宙旅行の費用は公表されていませんが、事前の訓練や地球帰還後のリハビリ（地球の重力に慣れるため）の費用などを含めて、2人分で100億円くらいはかかっているのではないかといわれています。

スペース・アドベンチャーズ社は2000年代から多くの大富豪たちに同様の宇宙旅行を提供してきました。世界初の宇宙旅行者は、アメリカの実業家デニス・チトー氏で、2001年のことでした。2021年10月には、ロシアの映画監督と俳優が国際宇宙ステーションで初めて映画を撮影するために、ソユーズ宇宙船で訪問しています。

また2022年からは、「宇宙ホテル」の建設を目指しているアメリカのアクシオム・スペース社が、スペースX社の有人宇宙船「クルードラゴン」を使って国際宇宙ステーションを訪れるツアーを実施しています。

日本人初の民間人宇宙旅行に出発する前澤氏（右）と平野氏（左）。（GCTC）

クルードラゴンで国際宇宙ステーション訪問ツアーに出発する民間人メンバー。（Space X）

国際宇宙ステーションから、
宇宙に浮かぶ青い地球の姿を
見てみたいなあ！

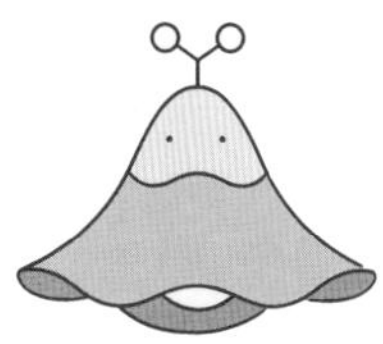

宇宙旅行はついに月周回軌道まで！

前澤友作氏が2度目の宇宙旅行として企画しているのが「dearMoon」プロジェクトです。これはスペースXが開発中の有人宇宙船「スターシップ」による月周回旅行の第1弾として実施されるものであり、2023年の打ち上げが予定されています。同行する世界各国の8人のアーティストも発表され、写真家、音楽家、振付師、ユーチューバー、俳優など多彩な顔ぶれです。

さらに第2弾の月周回旅行には、世界初の宇宙旅行者であるデニス・チトー氏が、妻の章子氏（東京都出身）とともに参加することが発表されています。チトー氏は「80代で月旅行ができれば、あらゆる年代の人たちに宇宙への夢が開ける」と発言しています。

月を周回するスターシップのイメージ図（2018年作成のもの）。（Space X）

スターシップの開発状況は？

月周回旅行の実施は、スターシップの開発が順調に進むかどうかにかかっています。2023年4月、スターシップにブースター「スーパーヘビー」を結合した2段式形態での初の無人飛行試験が行われました。しかし高度39kmに到達するも制御不能になり、発射から4分後に指令破壊されました。2回目の打ち上げ試験は数か月後になるとみられます。まだ無人飛行試験が行われている現状を考えると、有人飛行の安全が確認され、dearMoonプロジェクトが実施されるのはもう少し先になるのかもしれません。

月周回旅行の費用総額は1000億円を超えるとも予想されています。とても一般庶民が払える額ではありません。月旅行に限らず、宇宙に長期間滞在する宇宙旅行は、2020年代にはなかなか広がらず、どんなに早くても2030年代ではないかと思われます。

開発中のスターシップ（ロケット上段）とスーパーヘビー（ロケット下段）。スターシップはアルテミス計画の月着陸船としても使用される予定。（Space X）

急成長が期待される民間の宇宙ビジネス

月開発に乗り出す日本の宇宙ベンチャー

2022年12月、日本の宇宙ベンチャーであるアイスペース（ispace）の月着陸船がアメリカから打ち上げられました。これは「HAKUTO-R（ハクトアール）」と名づけられたプログラムのミッション第1弾で、着陸船が月に降り立てば日本初となる快挙として注目されました。しかし2023年4月、月着陸の直前に交信が途絶え、着陸に失敗しました。ソフトウェアの不具合で着陸船が高度を見誤り、月面に激突したものと考えられています。

アイスペースは月への物資輸送サービスの実現を目指しています。2024年にはHAKUTO-Rプログラムとしてミッション2、そして2025年には後続するミッション3の月着陸船を再び打ち上げる予定です。

一方、日本のロボット・宇宙開発ベンチャーのダイモンは超小型月面ローバー「YAOKI（ヤオキ）」を2023年の秋に月面に送る予定です。YAOKIは重さ約500gの手のひらサイズの2輪ロボットで、第1号機は今年中にアメリカの企業が打ち上げる月着陸船に同乗し、月の南極付近に送り込まれます。

アルテミス計画で月探査・月開発が飛躍的に進むと見込まれる中、日本の宇宙ベンチャーも独自の探査機や着陸機を開発してそこに加わろうとしています。

月輸送サービスは、日本の宇宙ビジネスの大きな柱になると期待されているよ

月面に降り立つアイスペース社の月着陸機のイメージ図。（© ispace）

超小型月面ローバーYAOKI。（株式会社ダイモン）

民間企業単独でのロケット打ち上げ

探査機や人工衛星を宇宙に送るロケットの開発を行う日本の宇宙ベンチャーが、インターステラテクノロジズです。実業家の堀江貴文氏がファウンダー(設立者)であることで有名です。

観測ロケット「MOMO」は、2019年に3号機が上空100km以上に到達することに成功しました。これは日本の民間企業が単独で開発・製造したロケットとして初めて宇宙空間に到達するという快挙でした。現在は、超小型衛星を地球周回軌道まで運べる小型ロケット「ZERO」の開発が進められています。

2021年、2度目の宇宙空間到達に成功したMOMO7号機の打ち上げの様子。(インターステラテクノロジズ株式会社)

人工流れ星をビジネスに

人工流れ星というユニークなエンタメビジネスの展開を目指すのが(株)エール(ALE)です。独自に開発した人工衛星から、人工流れ星のもととなる粒を加速して放出します。大気圏に再突入した粒が発光すると、地上からは流れ星として見えるのです。各種イベントなどでの利用が期待されています。近い将来、現在開発中の人工流れ星衛星3号機を打ち上げ、世界初の人工流れ星を実現させることを目指しています。

エールでは、人工流れ星の研究過程で地球の中層大気のデータを取得し、これを気象変動や異常気象を解明するために利用するプロジェクトも進めています。

人工流れ星衛星から流れ星のもととなる粒を放出する様子のイメージ図。人工流れ星は実際の流れ星より速度が遅いので、願い事を唱える時間もありそう?((株)ALE)

宇宙ゴミ問題に立ち向かう

スペースデブリとはなにか？

地球の周囲を飛び回るスペースデブリのCG画像。スペースデブリは実際のデータに基づいた位置に描かれているが、そのサイズは誇張して描かれているので、これほど密集しているわけではない。（ESA）

スペースデブリとは、宇宙開発が始まって以来、人類が宇宙空間に残してきたゴミ（英語でデブリ）のことです。運用を終えたり故障したりした人工衛星、打ち上げに失敗して爆発したロケットの残骸や破片、宇宙飛行士が置き忘れた工具や手袋など、中身はさまざまです。

その数は、10cm以上の物体で約3万6000個、1cm以上は約100万個、1mm以上では1億3000万個を超えるとされています。これらは宇宙空間を秒速8kmほどで飛び回っていて、小さなデブリでも非常に危険です。これを放置すれば、将来の宇宙開発・宇宙活動の妨げになることはたびたび指摘されてきました。

しかし、ライフル銃の銃弾よりはるかに速く飛び回るスペースデブリを捕まえるのは容易ではありません。下手に捕まえようとして壊してしまうと、1個のゴミが100個に増えて宇宙を飛び回るといったことにもなりかねません。

スペースデブリの除去を目指すアストロスケール

スペースデブリの除去・回収については、世界各国で研究が進んでいます。その中で異色なのは、日本のベンチャー企業・アストロスケールです。スペースデブリ回収技術の開発をミッションとして掲げている日本で唯一、おそらく世界でも唯一の民間企業です。

2021年3月、アストロスケールはデブリ除去技術実証衛星「ELSA-d(エルサ・ディー)」をカザフスタンのバイコヌール基地から打ち上げました。そして同年8月、磁石を活用したしくみで模擬デブリを捕獲する実験に成功しました。さらに翌2022年には、模擬デブリに対して1700kmの距離から約160mまで互いに通信せずに近づくなど、デブリ除去のためのコア技術の実証に成功しています。今後は、軌道上で役目を終えた複数の人工衛星を除去する衛星「ELSA-M(エルサ・エム)」の設計・開発を進めていくことを明らかにしています。

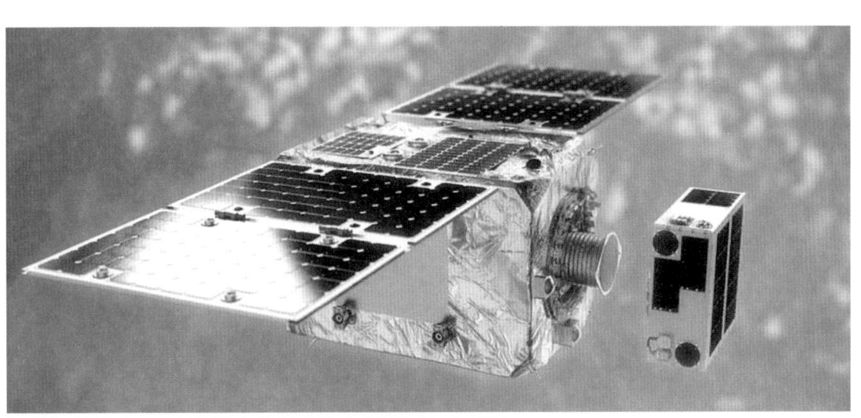

宇宙で模擬デブリ(右)を捕獲しようとするELSA-dの実際の画像。(Astroscale)

JAXAと協力してのプロジェクトも

またアストロスケールは、JAXAが進める商業デブリ除去実証プロジェクト「CRD2」のフェーズⅠの商業パートナーに選ばれました。2023年度中に人工衛星「ADRAS-J(アドラス・ジェー)」を打ち上げ、宇宙に放置された日本のロケット上段に接近し、長期にわたり放置されたデブリの運動や損傷・劣化状況の撮像を行うという世界初の試みを行う予定です。

商業デブリ除去実証(CRD2)フェーズⅠのイメージCG。(Astroscale)

宇宙資源をどう活用するか？

宇宙資源とはなにか

宇宙資源とは、地球以外に存在し、人類がその活動のために利用できるもののことをいいます。特に、月や火星、小惑星などの天体の中に存在して、人類の役に立つものを指すことが一般的です。より具体的には、水や鉱物などです。

宇宙資源の使い方には、2種類あります。1つは、その資源を現地で使う方法で、もう1つは、宇宙資源を地球に持ち帰って使う方法です。しかし今のところは、地球に持ち帰るのではなく、現地で使うことがおもに考えられています。

その理由は輸送コストが高すぎるためです。現在のロケットのコストは、1kgのものを国際宇宙ステーションに運ぶのに約100万円かかります。もっと遠い月や火星から宇宙資源を地球に持ち帰るとなると、とんでもない輸送コストになるので、いくら地球上の資源が高騰しているからといって割に合わない、という見方が現段階では強いのです。

将来の有人月探査で、月の資源調査がこのように行われるかもしれない。(NASA)

月面開発の鍵を握る「月の水」

月の水資源については、月の極域のクレーター内にある永久影の部分に水が氷の状態で存在することや、アメリカの「VIPER」や日本とインドの「LUPEX」といった月の水の探査計画を1章で話しました。人類が月面で長期的に活動する場合に、水を現地調達できるかどうかは大きなポイントになります。

アメリカの探査結果からは、月の北極にある40以上の小さなクレーターで氷が発見され、氷の総量は6億t以上あるとされています。しかし月全体にどのくらいの水が存在するのかなどは、まだわかっていません。

月の南極

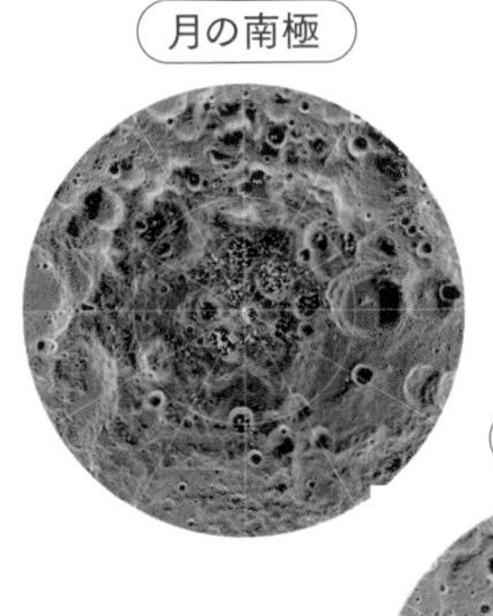

月の北極

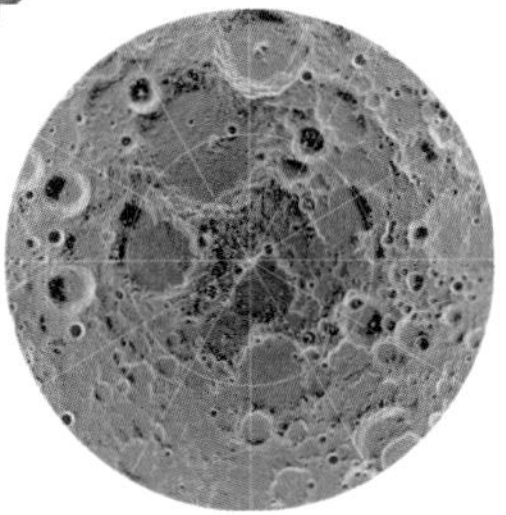

月の南極・北極における水の存在の可能性が高い地域（水色の点で示したもの）。インドの月探査機「チャンドラヤーン1」の観測に基づく。（NASA）

小惑星はレアメタルが豊富

小惑星は地球よりもずっと金属の成分が多く、レアメタルも多く含んでいると考えられています。

地球も小惑星も、今から46億年前に誕生した際には、ほぼ同じ材料から作られたはずです。しかし地球はいったん形づくられた後で、内部まで完全に溶けてしまいました。その際に、比重が重い金属は地球の中心部に沈み、比重の軽い岩石が表面付近に残ったと考えられています。現在、私たちが採掘して利用している金属は、地表近くにわずかに残ったものです。一方、小惑星は一度も溶けたことがなく、そのため、金属が豊富（正確にいえば地球表層の地殻よりも金属成分が多い）と考えられています。

小惑星の中でも、金属だけでほぼできているものをM型小惑星といいます。もし直径3kmのM型小惑星を地球に持ち帰れば、200億tの鉄と1億t以上のプラチナが入手できるという試算もあります。これは産業革命以来、人類が利用してきた鉄の総生産量を上回り、プラチナの総生産量の2倍以上に匹敵します。

はやぶさ2が探査した小惑星リュウグウ。アメリカの企業による小惑星の資源価値評価によると、リュウグウは約830億ドル、日本円でざっと12兆円もの価値があるとのこと。（JAXA、東大など）

宇宙資源は誰のものなのか?

小惑星を地球近くまで引っぱってくる?

小惑星イニシアチブ計画で、小惑星表面で岩をつかみ、サンプル回収を試みる無人宇宙船のイメージ図。(NASA)

宇宙資源を地球に持ち帰って利用することは、輸送コストを考えると今は現実的ではないと説明しました。しかしかつて、小惑星を地球の近くまで引っ張って持ってこようという、壮大な計画が進んでいました。それはNASAの「小惑星イニシアチブ」です。2013年に、アメリカのオバマ政権時代に構想されました。

当初計画では数十mのサイズの小惑星を無人宇宙船で丸ごと引っ張ってくるという大胆なものでしたが、途中で大きさ数mの岩を小惑星から採取して、地球の近くまで運ぶという構想に変わりました。そして地球から有人宇宙船で宇宙飛行士を送り込み、小惑星とドッキングして探査し、一部のサンプルを地球に持ち帰ることを目指しました。

しかし計画発表当初から、技術的課題が多すぎるとして、多くの科学者から批判されました。そして2017年、次のトランプ政権になって計画は中止となってしまいました。

宇宙資源は採掘した企業のものになる？

世界中の宇宙開発の基礎となっている「宇宙条約」(1967年発効)の第2条には、月その他を含む宇宙空間は、主権の主張や占拠などいかなる手段によっても国家による取得の対象とはならないと定められています。宇宙はどこかの国のものにはならない、ということです。

では、民間企業が自前のロケットで小惑星のレアメタルや月の水を採掘・採取したらどうなるでしょうか。答えは「一部の国では所有が認められる」です。

アメリカは2015年に宇宙法を改定して、アメリカの民間企業が採ってきた宇宙資源はその企業に所有権が属すると規定しました。日本でも2021年、「宇宙資源法」が成立しました。その中で、日本の企業が採ってきた宇宙資源はその企業のものだと明確に認められたのです。

世界で統一された認識に基づく宇宙資源開発を

しかし、民間企業が大量の宇宙資源を持ち帰って販売したり、月や小惑星の一部に対して「ここは我が社の採掘場所だ」などと開発権を主張したりすれば、大きな問題になるでしょう。また月の水に関しては、存在する場所や利用可能な量がきわめて限られている可能性もあります。それを「早い者勝ち」にしてよいのでしょうか。

さらに、宇宙で一度手を付けた場所を元に戻すことはできません。科学的に貴重な物質や地形が失われることで、月や小惑星の起源を探ることが難しくなる可能性もあります。宇宙資源の問題はビジネスの対象としてのみ見るものではなく、科学的見地からもっと検討すべき重要なテーマなのです。

こうした問題が手遅れになる前に、世界各国で統一された認識を共有し、それをもとにした宇宙資源開発を行っていくべきでしょう。

将来の月面基地のイメージ図(2019年3月作成)。(JAXA)

巨大隕石が地球を襲う？

チェリャビンスク隕石落下の衝撃

2013年2月15日の午前9時20分（日本時間では12時20分）、ロシア西部・ウラル地方のチェリャビンスク州に巨大な隕石が落下しました。秒速18km（マッハ50以上）で大気圏に突入した隕石は数万度の炎に包まれ、上空20kmで爆発し、無数の破片が半径約100kmの範囲に落下しました。さらに爆音と衝撃波が街を襲い、約4000棟の建物のガラスや壁が崩れ、割れたガラスなどにより1200人以上が負傷したのです。

巨大な天体が地球に降ってくるといえば、約6600万年前に恐竜を滅ぼす原因となったとされる巨大隕石（小惑星）との衝突を連想する人が多いでしょう。でもそれは大昔の出来事であり、めったに起こらないと考える人が多かったかもしれません。しかしチェリャビンスク隕石の落下は、天体衝突によって現代の私たちも大きな被害を受ける可能性があることを知らしめたのです。

（左）落下したチェリャビンスク隕石の飛跡。煙のようなものは、隕石の表面が大気との摩擦で飛散することで発生した「隕石雲」と考えられている。
（Uragan. TT(Wikipedia)）
（上）チェリャビンスクから西に約90km離れたチェバルクリ湖で見つかった隕石の最大破片。直径約150cm、重さ約600kg。
（Lumaca(Wikipedia)）

過去にもあった巨大隕石の落下

宇宙からはたえず、無数の小さな天体が地球の大気に突入してきます。しかしそのほとんどは重さが数mgから数十g程度の、ちりや砂、石です。これらは大気とぶつかることで加熱されて光り、地上からは流星（流れ星）として観測されます。上空120kmから80kmくらいの間で光り、燃えつきるのが普通です。特に明るいものは火球と呼ばれます。

しかし飛び込んできた物体のサイズが大きくなると、上空で燃えつきずに地上まで到達することがあります。それが隕石です。チェリャビンスク隕石は、大気圏に突入した時点で直径17m、重さは1万tだったと推定されています。

ロシアでは1908年にも「ツングースカ大爆発」と呼ばれる天体の落下がありました。シベリアの山林に推定40〜50mの巨大隕石が落下して上空1kmで爆発し、半径30kmにわたって森林が炎上しましたが、僻地であったために人的被害はなかったそうです。

ツングースカ大爆発によって一方向になぎ倒されたと考えられている樹木。1927年の調査で撮影されたもの。

恐竜絶滅を招くレベルの天体衝突の頻度は？

隕石のもととなる小天体は、おもに小惑星と彗星です。このうち、地球に衝突して大きな被害をもたらすものは、どのくらいの頻度でやって来るのでしょうか。

チェリャビンスク隕石のような、直径10mクラスの小天体が地球に衝突するのは、数十年から100年に1回の頻度と推定されています。これがツングースカ大爆発クラスの、直径50m程度の小天体になると1000年に1回くらいです。さらに恐竜を絶滅させた原因とされる、直径10km級の天体は1億年に1回程度と推定されています。

生物の大量絶滅を起こすレベルの天体衝突は、さすがにめったに起こるものではありません。一方で、直径10mクラスの隕石であれば、いつ降ってきても不思議ではないのです。それが人口密集地に落下すれば、大惨事になることは間違いないでしょう。

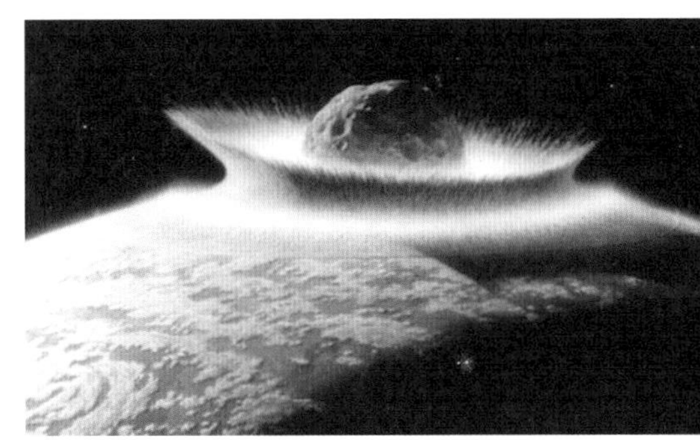

小惑星が地球に衝突する様子のイメージ図。（NASA/Don Davis）

天体衝突から地球を守れ！

地球近傍の小天体を監視するスペースガード

太陽系内の小惑星や彗星などのうち、地球の軌道付近までやって来るもの（地球にぶつからないものを含む）を地球近傍天体（NEO）といいます。地球に衝突する可能性のあるNEOを発見・監視し、天体衝突による被害を最小限にするための活動をスペースガード（近年はプラネタリー・ディフェンスとも）と呼んでいます。

スペースガード活動は世界中で行われていますが、じつはほとんどが民間のボランティアベースで運営されています。たとえば日本では、岡山県井原市美星町に建設された「美星スペースガードセンター」での監視業務を、NPO法人の日本スペースガード協会が運営しています。この施設の本来の目的はスペースデブリ（84ページ）の監視であり、その残りの時間でNEOを監視しています。

しかし、こうしたスペースガード業務を民間のボランティアに頼るというのは奇妙に思えます。各国の間でしっかりと議論を行い、資金拠出や解決策の模索・支援を行っていくことが必要でしょう。

美星スペースガードセンターの光学観測施設の外観。ドーム内にある2台の望遠鏡で、スペースデブリと地球近傍天体の観測を行っている。（JAXA）

チェリャビンスク隕石クラスの小天体は発見困難

2021年6月時点で、NEOは2万6000個以上が発見されています。恐竜絶滅の要因になったとされる直径10kmクラスのNEOについては、すでにほとんどが発見・把握されています。そしてその中に、地球への衝突が心配されるものはほぼありません。

一方、チェリャビンスク隕石クラスの小天体は、発見されている数の100倍以上が存在していると考えられています。このような小さくて発見の難しいNEOをいかにして検出するかが、今後の課題です。

地球にぶつかる小惑星の軌道を変える実験

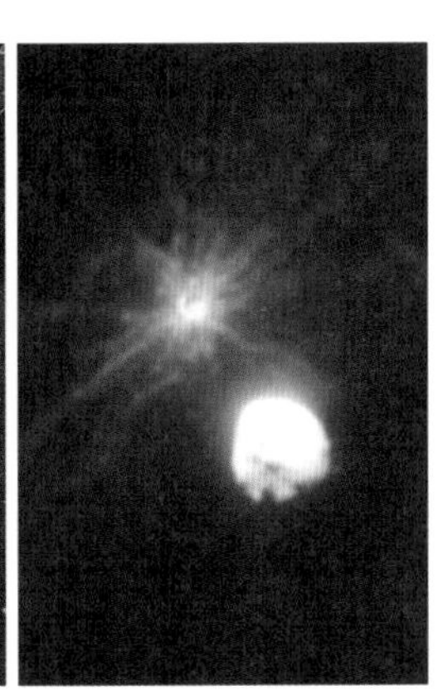

（左）ターゲットの小惑星に近づくDART探査機（右下）のイメージ図。ターゲットは小惑星「ディディモス」（右上、直径780m）とその衛星「ディモルフォス」（左、直径160m）からなる二重小惑星で、探査機は衛星ディモルフォスに衝突した。右下の隅に小さく描かれているのは、DART探査機から放出された小型探査機「LICIACube」。（NASA/Johns Hopkins, APL/Steve Gribben）
（右）DART探査機と衛星ディモルフォスとの衝突を、小型探査機LICIACubeが撮影した実際の画像。（ASI/NASA）

地球への衝突コースを取る危険な小天体が見つかった場合、どうすればよいのでしょうか。たとえば核爆弾などで小天体の爆破を試みるのは、確実性が低いだけでなく、粉々になった小天体の破片が地球を襲う懸念もあります。

現在考えられているのは、小天体の軌道をずらす方法です。小天体に探査機などを衝突させて軌道を変える、あるいはロケットを取りつけて少しずつ軌道をずらす方法などがあります。

2021年11月、NASAは小惑星に探査機を衝突させて軌道を変える「DART（ダート）」ミッションの探査機を打ち上げました。翌2022年9月、DART探査機はターゲットの小惑星に近づき、衝突に成功しました。その結果、小惑星の軌道が変わったことが確かめられたのです。まるでSF映画のような試みが、将来起こりうる未曾有の災厄を回避するために、真剣に行われているのです。

Column

空から星が落ちてきた！

国土の狭い日本にも、隕石が落ちてくることはあります。近年では、2018年9月26日に愛知県小牧市に落下した「小牧隕石」(約0.65kg)や、2020年7月20日に千葉県習志野市や船橋市に落下した「習志野隕石」(約0.36kg)などの例があります。

2023年7月までに日本国内で発見され、国際的な隕石の認証団体である国際隕石学会によって隕石として登録されたものは54例です。その中の1つで、今から約120年前に現在の埼玉県越谷市に落下した隕石を紹介します。

1902(明治35)年3月8日の明け方、埼玉県南埼玉郡桜井村大字大里(現在の越谷市)で、火山の噴火のような轟音が鳴り響いたといいます。火の玉が空から降ってきたのを目撃した人もいたそうです。そしてこの地で農業を営んでいた中村喜八氏の田んぼに、直径1mほどの大きな穴ができているのが見つかりました。穴の底からは、幅が約18cm、高さが約10cm、重さ約4kgの黒い石が見つかりました。「これは星が落ちてきたものにちがいない」として、以来この「星」は中村家に代々伝わるお宝となったのです。落下当時の様子は、東京朝日新聞の明治35年4月25日付の記事でも確認できます。

2021年、喜八氏の玄孫(やしゃご、孫の孫)にあたる中村勉氏は、越谷市郷土研究会を通して、家宝の星の成分分析を国立科学博物館に依頼しました。その結果、宇宙を飛び交う宇宙線によって生成するアルミニウム26(アルミニウムの放射性同位体)が検出され、宇宙から飛来した隕石であることが明らかになりました。また国立極地研究所や九州大学での分析から、隕石の起源が小惑星だと推定されることや、その形成年代が太陽系形成直後の約45億8000万年前であることなどもわかりました。

そして2023年2月、家宝の星は国際隕石学会から承認を受けて「越谷隕石」と命名されました。日本国内で発見された隕石としてはもっとも新しい、54番目の隕石登録となったのです。

めったにない、でも絶対ないとはいいきれない、身近な場所への隕石の落下。もしかすると今晩、みなさんの家の庭に「星」が落ちてくるかもしれませんよ。

越谷隕石の画像。

中村喜八氏の肖像画。村の助役も務めていたという。(中村勉氏提供)

越谷隕石を手にする中村勉氏。中村喜八氏の玄孫にあたる。

3章

夜空を肉眼で見る・望遠鏡で見る

人工の灯りのない真っ暗な場所で、肉眼で見える夜空の星の数はおよそ4000。星はどれほど大きいのか。どのような一生を過ごすのか。これからみなさんを星々の世界にご案内しましょう。

夜空の星を見てみよう〈春・夏〉

春の夜空

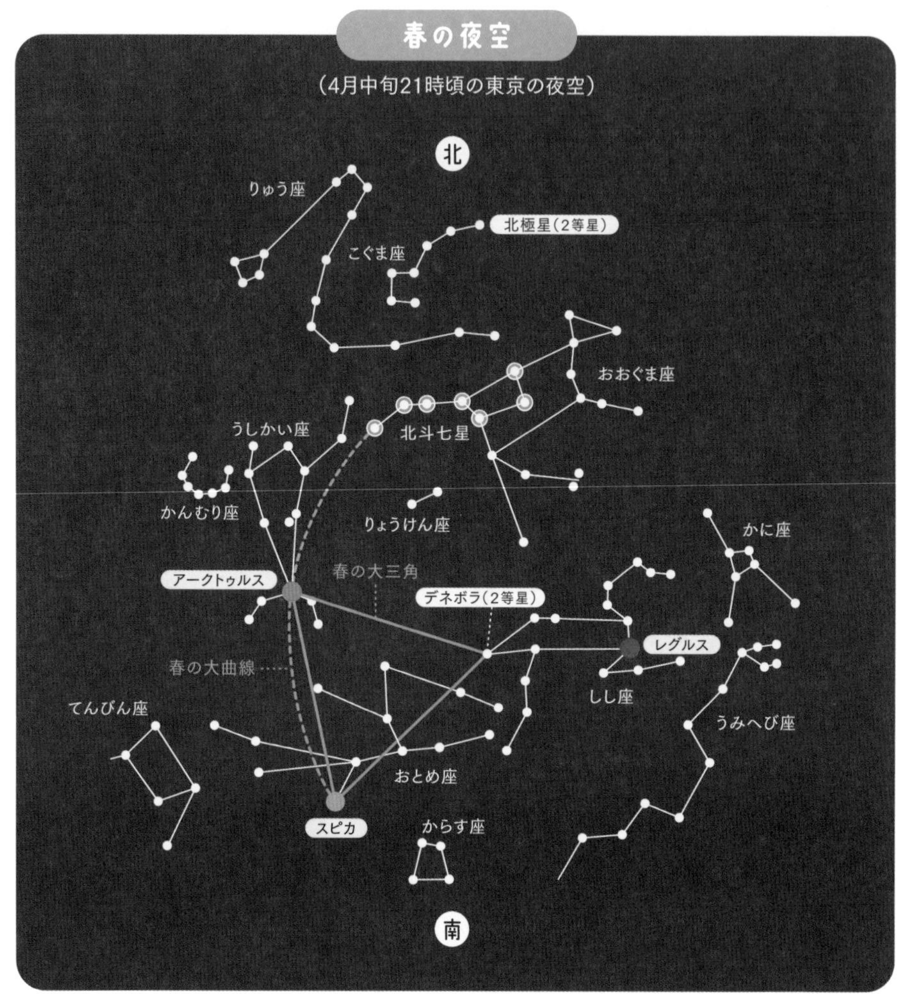

春の夜空には、ひしゃくの形に並ぶ北斗七星が北の空に見えます。星座では、おおぐま座の背中から尾の部分に当たります。

北斗七星の柄の部分にあたる4つの星から、カーブを描くように線を伸ばすと、オレンジ色をしたうしかい座の1等星アークトゥルスが見つかります。カーブをさらに伸ばすと、青白く輝くおとめ座の1等星スピカにたどり着きます。

北斗七星からスピカまでをつなぐ大きなカーブを春の大曲線といいます。また、アークトゥルスとスピカ、そしてしし座の2等星デネボラを結んでできる大きな三角形を春の大三角といいます。

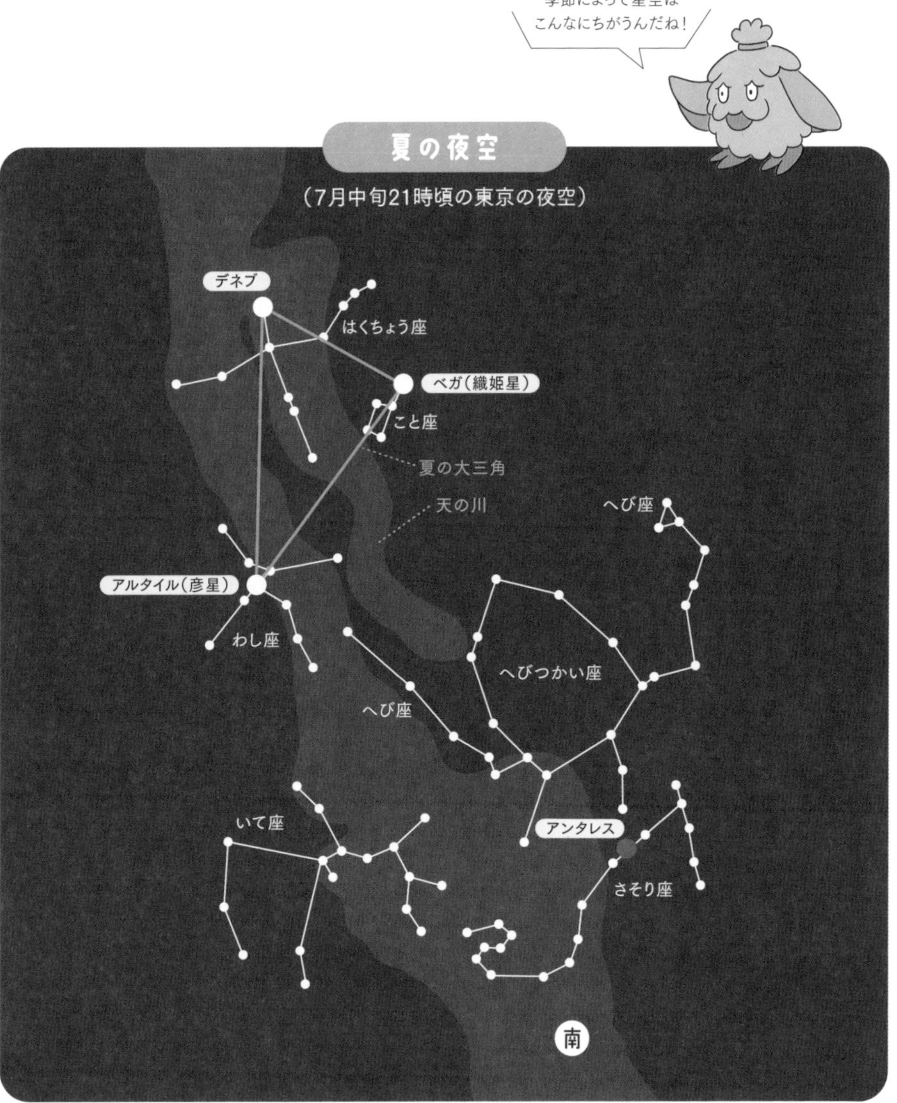

夏の夜空の主役は3つの明るい1等星、こと座のベガ、わし座のアルタイル、はくちょう座のデネブです。3つを結んだものを夏の大三角といいます。ベガとアルタイルは、七夕伝説の織姫星と彦星でもあります。また、さそり座の赤い1等星アンタレスも、南の空の低い場所で怪しく輝いています。

都会では見えづらいですが、山中など夜空が暗い場所に行くと、白い帯のような天の川を見ることができます。天の川の正体は非常に多くの星の集まりです。私たちは天の川銀河という、数千億個の恒星が円盤状に集まった星の大集団の一員です。

夜空の星を見てみよう〈秋・冬〉

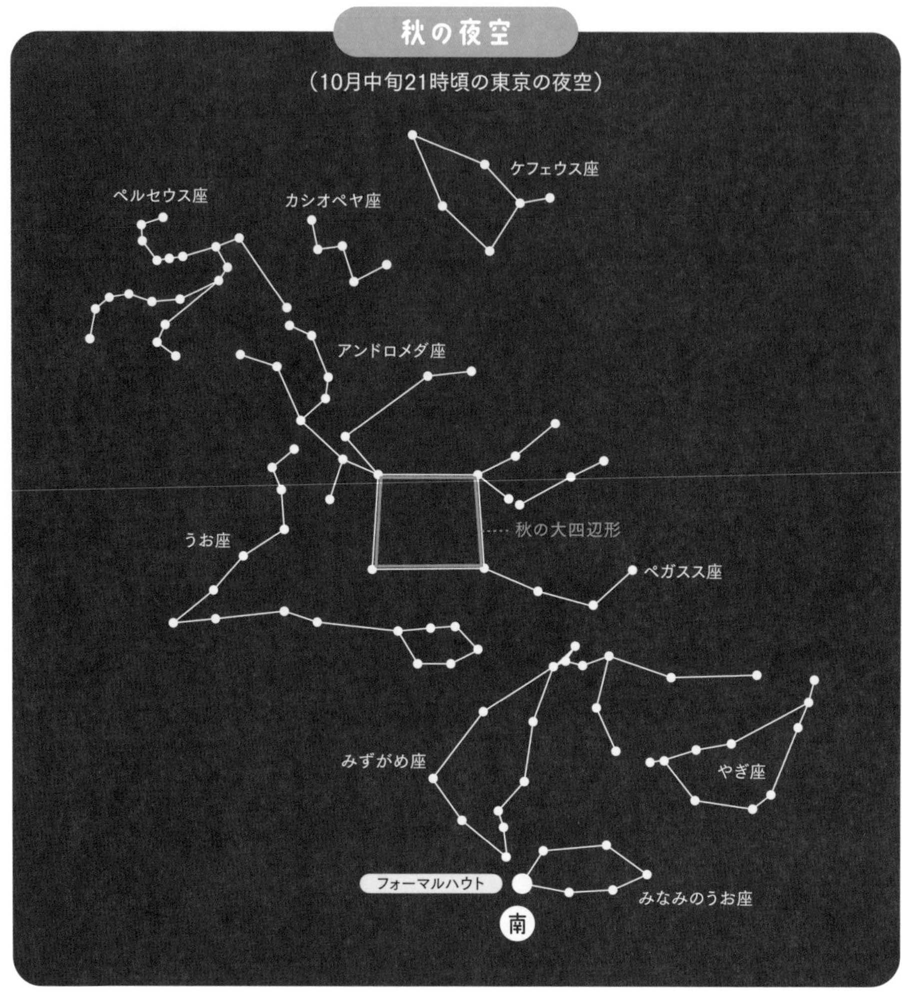

秋の夜空には明るい星があまり多くなく、少し寂しい感じです。唯一の1等星であるみなみのうお座のフォーマルハウトは、南の空の低い場所に見えます。

一方、天頂付近で輝く4つの星が描く大きな四角形は、秋の大四辺形またはペガススの大四辺形と呼ばれます。これはペガスス座の一部であり、羽の生えた天馬ペガススの胴体にあたります。

ギリシャ神話によると、エチオピアのケフェウス王とカシオペヤ王妃の間に生まれたアンドロメダ姫は、怪物の生け贄にされてしまいます。それを救ったのがペガススにまたがった英雄ペルセウスでした。こうした神話の登場人物たちが、秋の夜空に星座として描かれています。

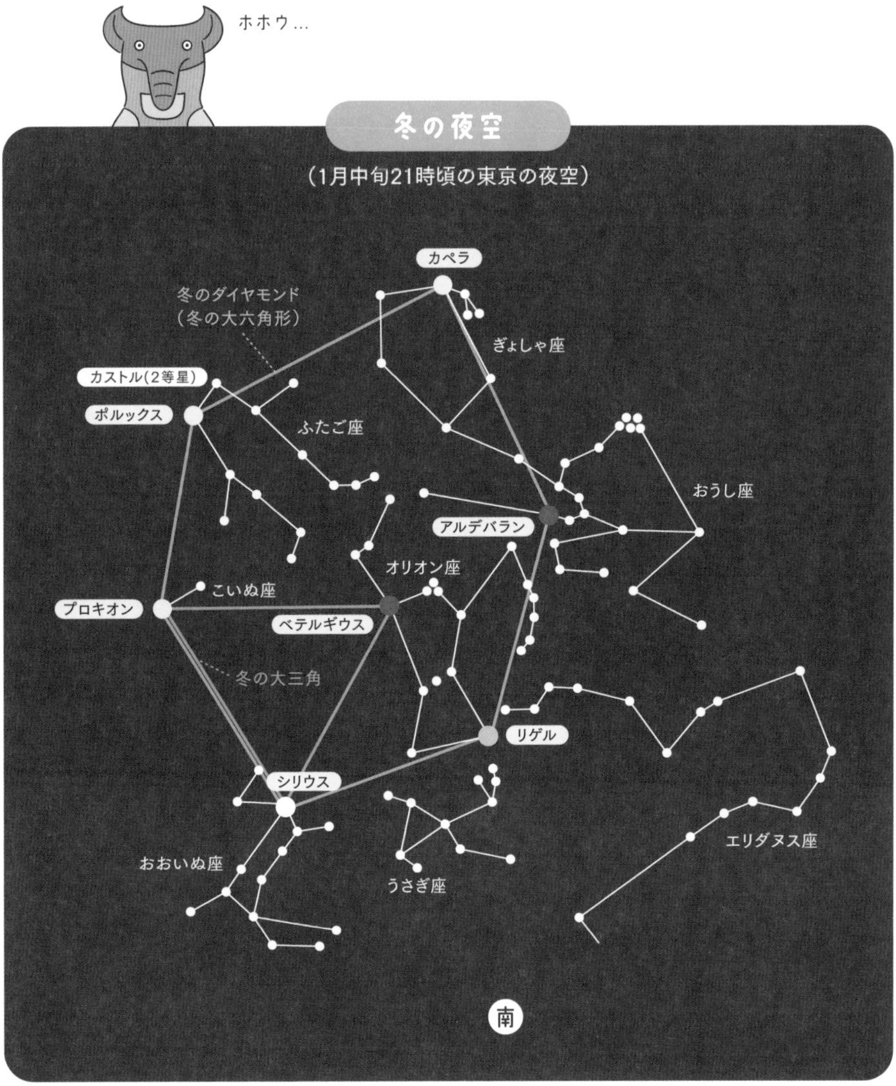

冬の夜空

（1月中旬21時頃の東京の夜空）

カペラ
冬のダイヤモンド（冬の大六角形）
ぎょしゃ座
カストル（2等星）
ポルックス
ふたご座
おうし座
アルデバラン
オリオン座
こいぬ座
プロキオン
ベテルギウス
冬の大三角
リゲル
シリウス
エリダヌス座
おおいぬ座
うさぎ座
南

冬の星空には明るい星が多く、1年でもっともはなやかな夜空です。もっとも有名な星座は、2つの1等星と5つの2等星を持つオリオン座でしょう。

オリオンはギリシャ神話に登場する屈強な猟師でしたが、サソリの毒針に刺されて命を落としました。オリオン座が夏の星座であるさそり座と同時に夜空に現れないのは、オリオンが死後もサソリを恐れているからだといわれています。

オリオン座のベテルギウス、おおいぬ座のシリウス、こいぬ座のプロキオンの、3つの1等星を結ぶ正三角形が冬の大三角です。また6つの1等星を結ぶ、豪華な冬のダイヤモンド（冬の大六角形）も見事です。

星の大きさはどのくらい？

星座を形作る夜空の星々は、太陽と同じく、自ら燃える星・恒星です。でも太陽よりずっと遠くにあるので、肉眼では光の点にしか見えません。

そうした星々の中には、太陽よりはるかに大きなものがたくさんあります。直径が太陽の数倍、数十倍のものはもちろん、100倍以上のものさえあります。宇宙の中で、太陽は標準的な大きさの恒星だと考えられています。

太陽の1000倍以上の大きさを持つと推定される星も見つかっています。たとえばはくちょう座V1489という星の直径は、太陽の約1650倍もあるという報告があります。

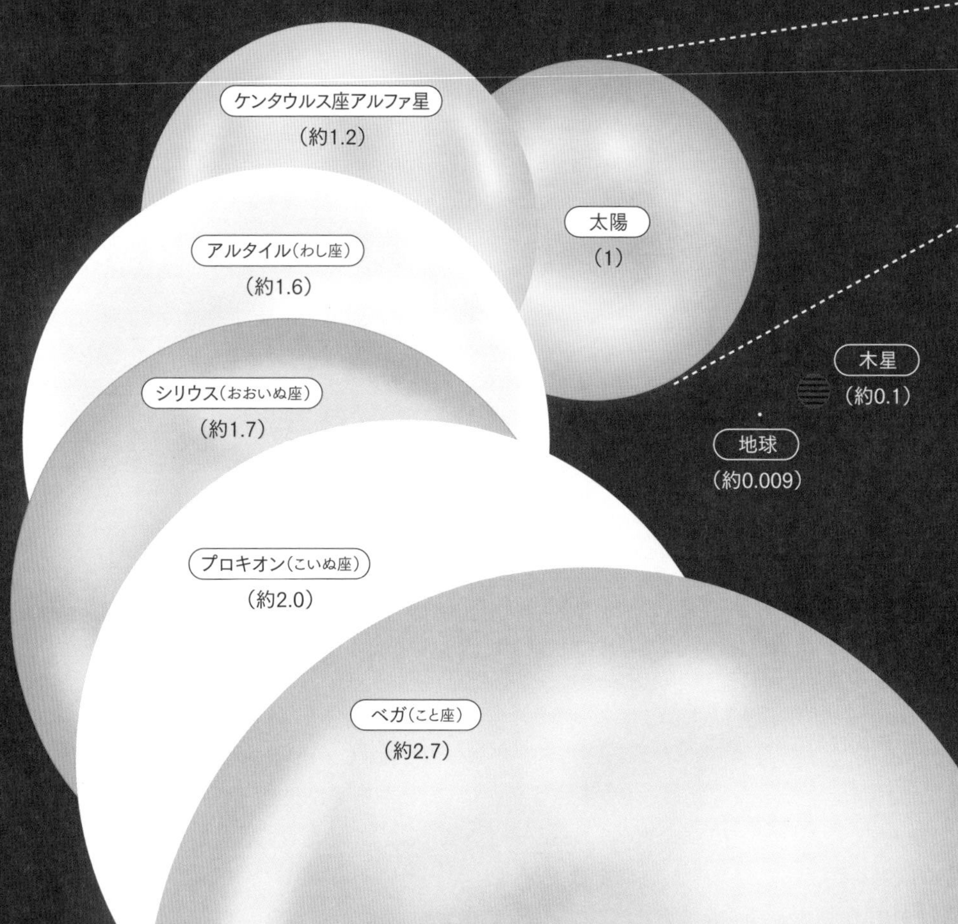

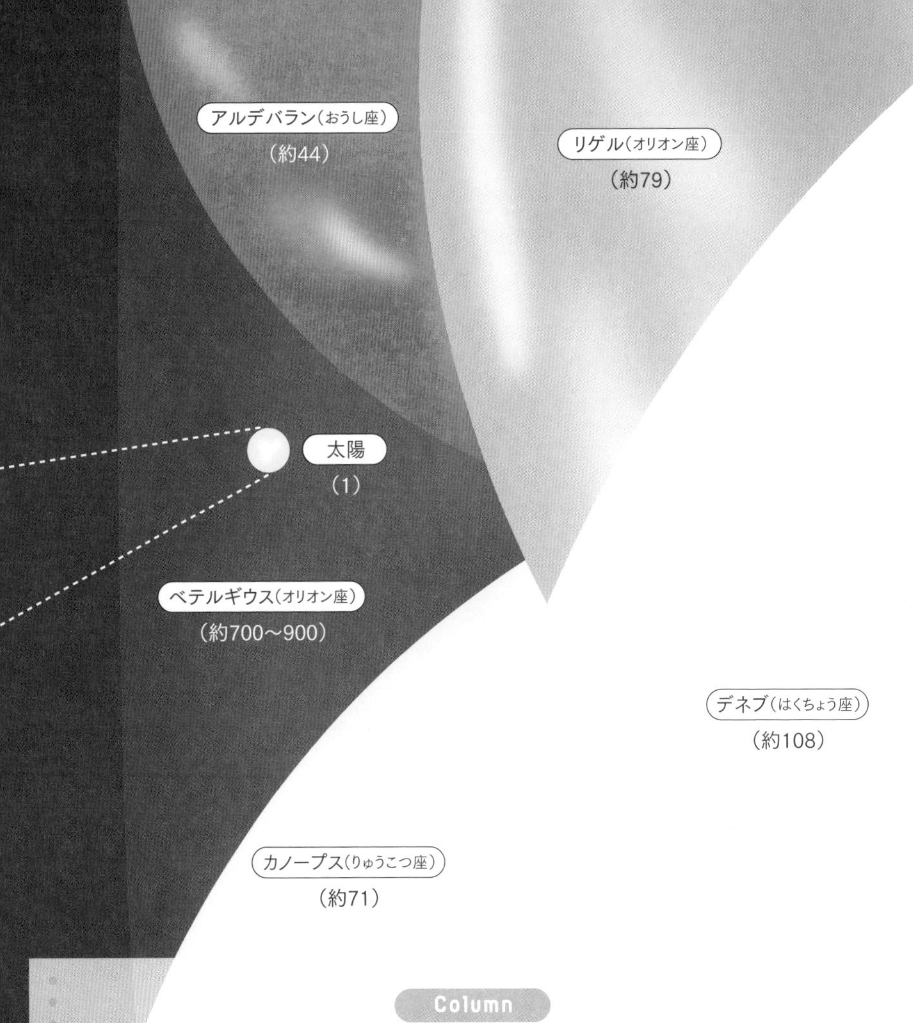

Column

星の大きさはどうやって測る？

太陽系に比較的近い場所にあり、太陽よりもずっと大きな星は、恒星が月に隠される星食の様子を観測したり、望遠鏡に干渉計という装置を取りつけて観測したりすることで、大きさを直接測定することができます。たとえばおうし座のアルデバランは、月が隠すアルデバラン食の様子をくわしく観測することで、太陽の約44倍の大きさだとわかっています。

一方、遠方の恒星は高性能の望遠鏡を使っても、直径を直接測定することができません。そこで、星の光の強さや光の成分、そして星までの距離を測定することで、直径を間接的に推定します。

星までの距離はどのくらい？

星がまばらに存在する宇宙

太陽系にもっとも近い恒星はケンタウルス座アルファ星で、地球から約4.3光年離れています。太陽の隣の恒星までたどりつくのに、光の速さでも4年以上、宇宙探査機なら数万年から10万年ほどかかるのです。

地球から10光年までの範囲には、10個ほどの恒星があります。これは、太平洋にスイカが3個だけ点々と浮かんでいるようなすき具合です。宇宙の中に、星はまばらにしか存在しません。

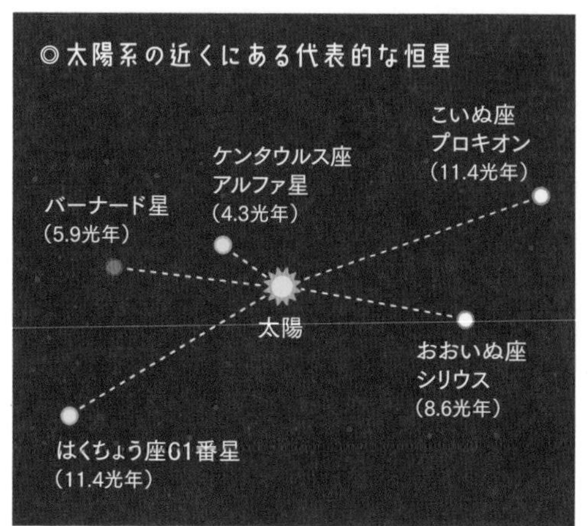

星座をつくる星同士も遠く離れている

星座を形づくる星々は、お互いに近くにあるように見えます。でもそれは、地球から見かけ上そう見えるだけであって、実際には空間的に遠く離れていることが多いのです。

たとえばオリオン座の中央部にある7つの明るい星は、宇宙の中で右の図のような位置関係にあります。地球にもっとも近い星ともっとも遠い星とでは、1700光年以上も離れています。これらを地球の方向から眺めると、猟師オリオンの姿に見えるのです。

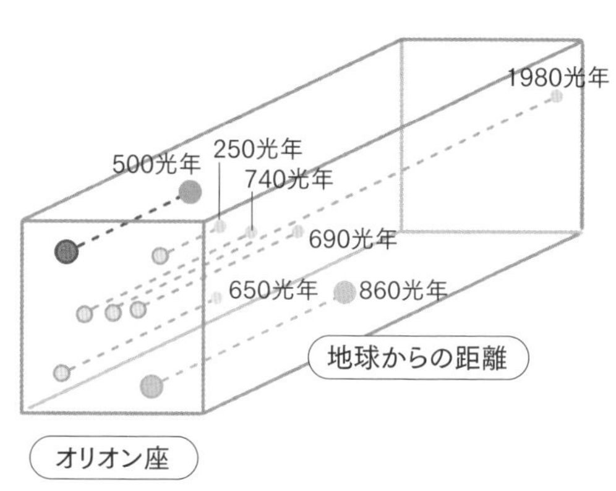

年周視差を使って星までの距離を測る

地球は太陽のまわりを公転しています。そのため、時間の間隔をあけて恒星を観測すると、太陽系から比較的近い距離にある恒星は、より遠くにある恒星に比べて、見える方向が変化します。これを年周視差といいます。この年周視差の大きさから、星までの距離を計算によって求めることができます。

とはいえ、太陽系にもっとも近い恒星であるケンタウルス座アルファ星でも、年周視差は5000分の1度ほどしかありません。非常にわずかな視差ですが、現在は人工衛星を使った観測によって、約3万光年の範囲にある星までのわずかな年周視差を検出して、その距離を求められるようになりました。

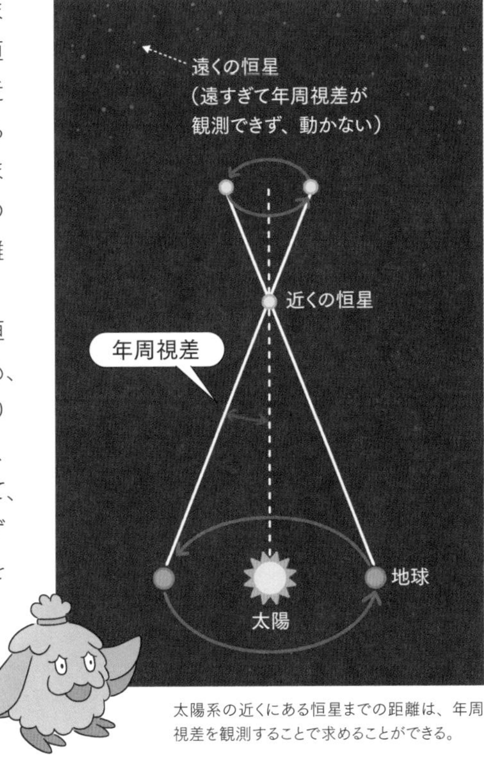

太陽系の近くにある恒星までの距離は、年周視差を観測することで求めることができる。

近くの恒星は
遠くの恒星に対して
見える位置を変えるよ

Column

ほかの銀河までの距離の測りかた

天の川銀河の外にあるほかの銀河は、非常に遠いところにあるので、年周視差を検出できません。比較的近くの銀河は、セファイド変光星を使って距離を推定します。セファイド変光星は明るさが周期的に変化し、しかも変光周期が長いものほど星の実際の光度が明るいことがわかっています。そこで、ある銀河の中にセファイド変光星が見つかれば、その変光周期から銀河までの距離を推定できる(同じ変光周期なら、見かけの明るさが暗いものほど遠くにある)のです。

もっと遠方にある銀河は、その銀河の中でIa(いちエー)型超新星というものが出現すると、銀河までの距離がわかります。一般的な超新星(爆発)は、星が一生の最後に起こす爆発ですが(この後くわしく紹介)、Ia型超新星は少し特殊なタイプで、ピーク時の明るさがほぼ一定であることがわかっています。これを利用して、銀河までの距離を推定するのです。

宇宙の星は「連星」だらけ！

2つの星がぐるぐる回り合う

星座を形づくる恒星同士は、近くにあるように見えても、空間的に遠く離れていることが多いと先ほど話しました。しかし、本当に近い距離にある恒星もたくさんあります。

たとえばおおいぬ座のシリウスを望遠鏡で見ると、明るく輝く星のそばに、小さな星が寄り添っていることがわかります。2つの星の間の距離は平均すると約20天文単位（1天文単位は太陽と地球の平均距離にほぼ等しく、約1億5000万km）で、太陽と天王星の距離ほどしか離れていません。そして2つの恒星は重力によって引き合い、ぐるぐると回り合っています。このような星を連星といいます。

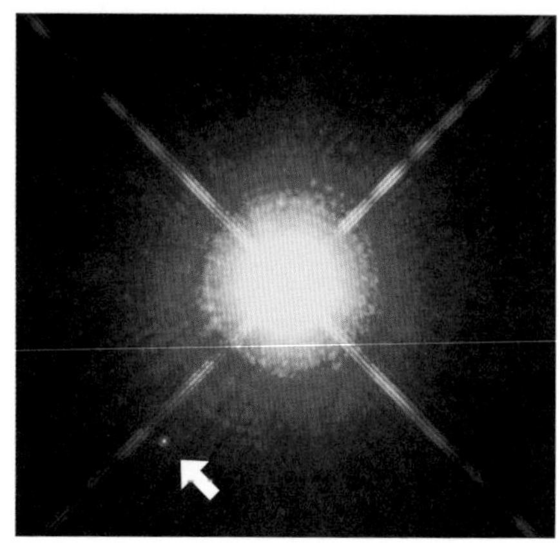

おおいぬ座の1等星シリウス。眩しい光を放つ主星（A星、シリウス）のそばに、小さな伴星（B星、白い矢印）が見える。（NASA, ESA, H. Bond (STScI), and M. Barstow (University of Leicester)）

星の半数以上は連星？

私たちの太陽は連星ではなく、ただ1つだけで存在する星です。こうした恒星を単独星といいます。

宇宙にある恒星のうち、半数以上が連星だと予測されています。恒星は星雲というガスの雲の中から一度にたくさん生まれてくるのですが、そうした星々の多くは最初からペアを組んで回り合っていると考えられています。つまり宇宙の星は連星として生まれ、その後、連星がばらけてしまったものが単独星なのかもしれません。

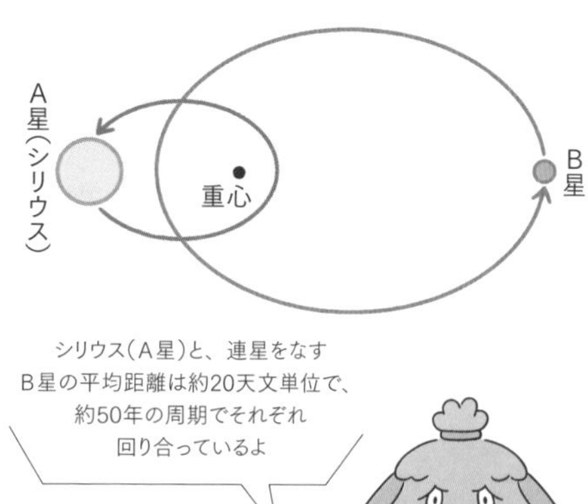

連星の重さと重心からの距離の関係

連星になっている2つの星のうち、明るいほうを主星といい、暗いほうを伴星といいます。そして2つの星は、重心（または共通重心）という点の周囲を回り合っています。

連星になっている2つの星から重心までの距離の比率は、2つの星の重さの比率の逆比になっています。たとえば、2つの星の重さが同じ場合、それぞれの星から重心までの距離は同じです。もし、重い星の重さが軽い星の2倍である場合、重心までの距離は2分の1になります。3倍の重さなら、重心までの距離は3分の1です。

一方の星の重さがもう一方よりも極端に重い場合は、重い星が重心のまわりを小さく回り、軽い星がその周囲をぐるっと大きく回るようなケースもあります。

2つの星の重さが同じ（1:1）の場合、重心からの距離も同じ（1:1）になる。

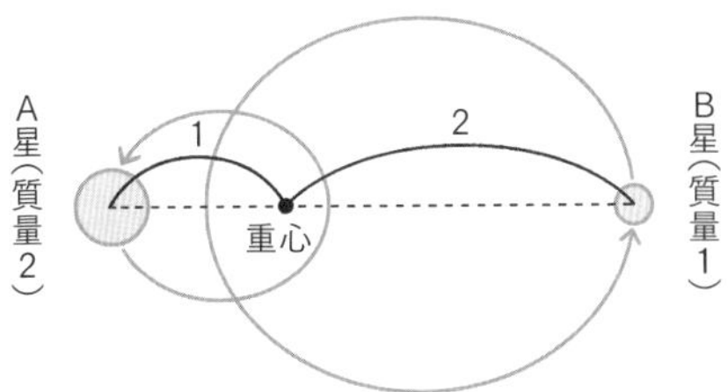

A星とB星の重さが2:1の場合、重心からの距離の比は1:2になる。

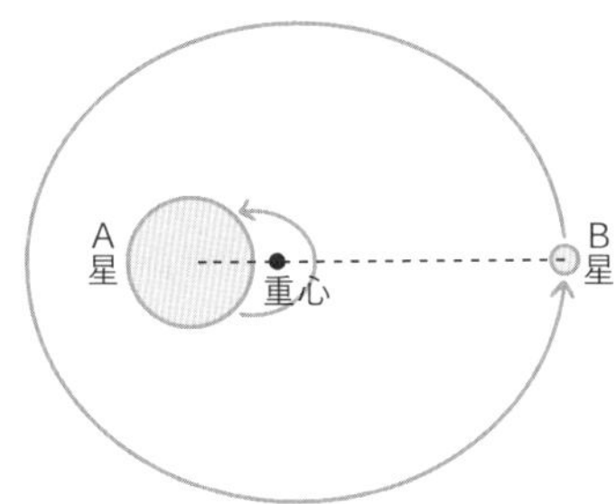

A星がB星より極端に重い場合、重心からの距離はB星のほうが極端に遠くなる。そのため、A星が重心の近くを小さく回り、その外側をB星が大きく回るようなこともある。

連星の研究が天文学を発展させた

連星の重さと重心からの距離の関係が逆比になっていることを利用すれば、連星の動きを観測することで、重心からの距離の比がわかり、2つの星の重さの比もわかります。さらに、他の観測結果などを考慮することで、2つの星の重さを正確に割り出すこともできます。単独星の場合、星の重さを知ることは難しいのですが、連星だとそれぞれの星の重さがわかるのです。

また、のちほど紹介しますが、連星の観測・研究からブラックホールや重力波など天文学の大発見がもたらされました。さらに、太陽系外惑星（これも後で紹介）の発見にも、2つの星（恒星と惑星）の動きの観測が関係しています。

※連星の軌道図はすべて『連星からみた宇宙』（鳴沢真也著、講談社ブルーバックス）を参考に作成。

3つ以上の星が連星になっている!?

3重連星、4重連星……もっとも多いのは？

連星には、3つ以上の星が重力をおよぼし合い、ぐるぐると回り合っているものもあります。3つの星でできた連星を3重連星といいます。

常に真北の方角にあって動かない星・北極星は、3重連星です。また、太陽系に一番近い恒星であるケンタウルス座アルファ星も3重連星です。

4つの星が回り合うものは4重連星といいます。オリオン座の1等星リゲルや、しし座の1等星レグルスは4重連星です。さらに南十字星をつくる星の1つであるみなみじゅうじ座アルファ星は5重連星、ふたご座の2等星カストルは6重連星です。

現在知られているもっとも多くの星でできた連星は、なんと7重連星です。さそり座ニュー星という4等星や、カシオペヤ座AR星という5等星が7重連星になっています。

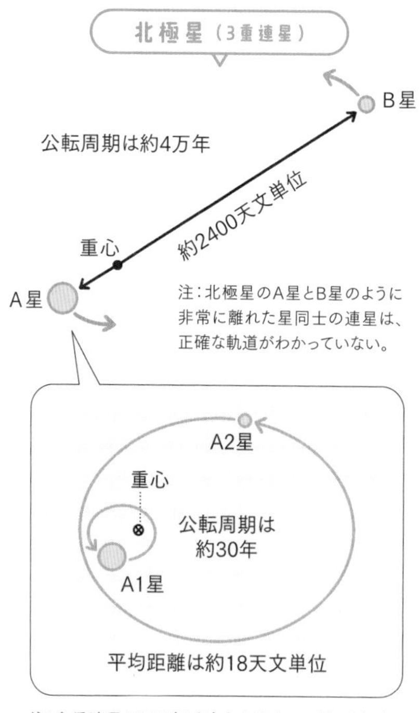

注：多重連星が回る（公転）方向はすべて同じと仮定して描いている。

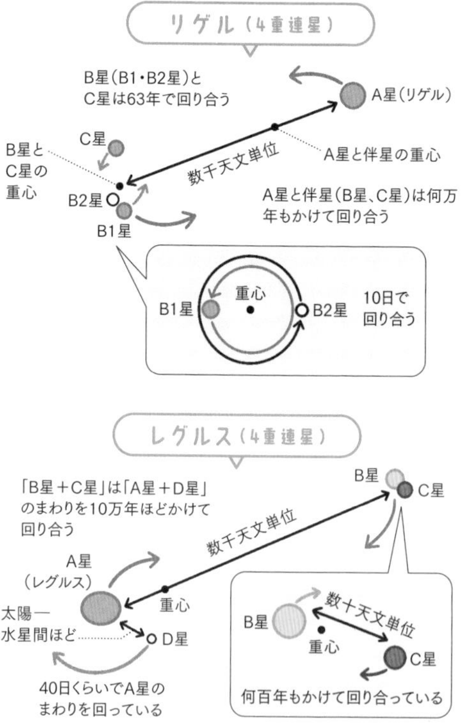

みなみじゅうじ座アルファ星（5重連星）

C1星とC2星は
29時間で回り合う
1万天文単位ほど
A星
B星
C1星
重心
C2星
C星（C1星とC2星）は
A星とB星のまわりを10万年
ほどで回っていると思われる

A1星
（アクルックス）
A2星
1500年ほどで
回り合っている
重心
数百天文単位
B星

重心
A2星
A1星
（アクルックス）
76日ほどで
回り合っている
約1天文単位

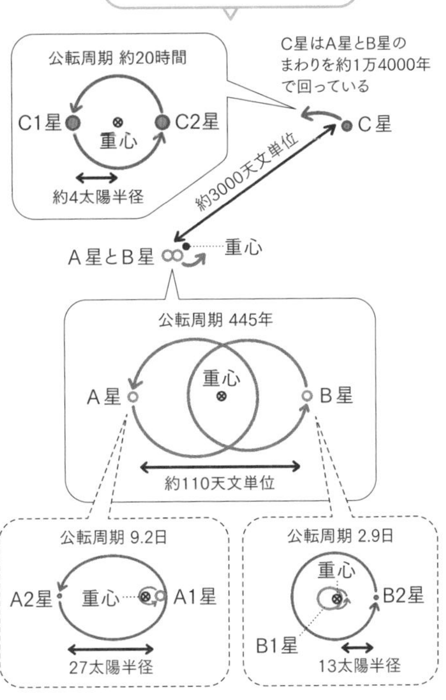

※連星の軌道図はすべて『連星からみた宇宙』（鳴沢真也著、講談社ブルーバックス）を参考に作成。

Column

連星同士が近すぎてくっついた!?

連星のうち、2つの星の間の距離が非常に近いものを近接連星、遠く離れたものを遠隔連星といいます。また近接連星の中には、2つの星があまりに近すぎて、星の表面の一部がくっついたものがあります。これは接触連星といいます。さらに、2つの星の外層を覆うガスを共有して、ひょうたんのような形になったものは過剰接触連星と呼ばれます。

近接連星では、星の表面での大爆発や強い磁場の発生、一方の星がもう一方の星からガスを奪う質量移動などの、非常に激しい活動が起こります。単独星や遠隔連星では見られないこうした星の様子は、多くの天文学者を魅了して、研究が続けられています。

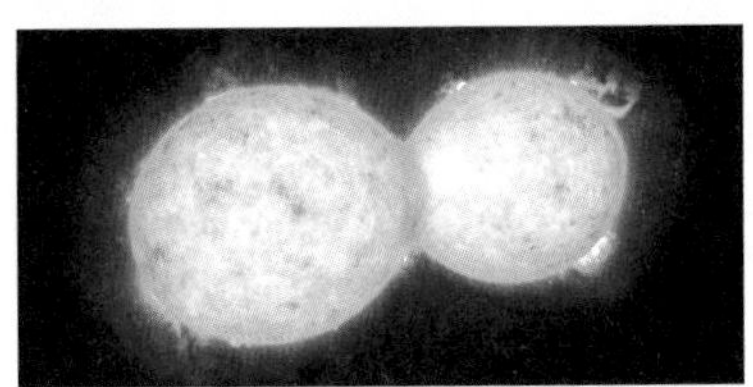

過剰接触連星の想像図。（ESO/L. Calçada）

星が生まれてから死ぬまで①

宇宙の雲の中から生まれる星

宇宙を漂う「雲」の正体

よく「宇宙は真空だ」といわれますが、星と星の間の宇宙空間は完全な真空ではなく、水素原子をおもな成分にした物質が薄い雲のように漂っています。雲の中にも濃い部分と薄い部分とがありますが、薄い部分では1リットル中に水素原子が1000個ほどしか入っていないほどです。地球の大気中には、窒素や酸素の分子が同じ容量の中に10の22乗個(ゼロが22個!)も入るので、それと比べたら確かに宇宙の雲は「ほぼ真空」といえます。

一方、雲の濃い部分では、薄い部分の100倍以上の濃度になっています。こうした領域では、水素原子同士が合体し、水素分子がつくられます。水素分子を主体とした雲を分子雲といい、星はこの中から生まれます。

分子雲は非常に温度が低く、マイナス260℃くらいです。望遠鏡で見ると真っ暗に見えるので、分子雲は「暗黒星雲」とも呼ばれます。

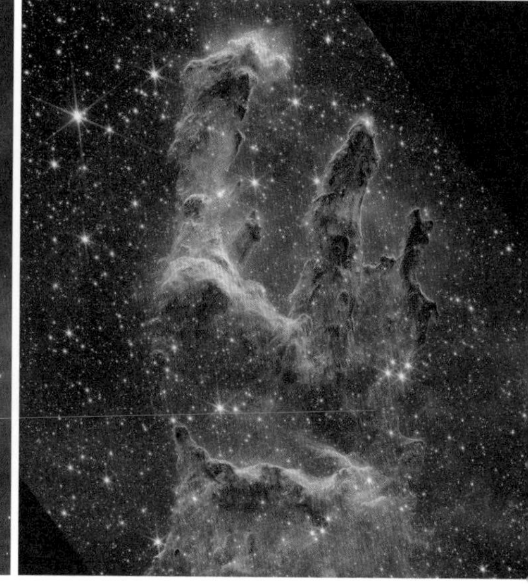

左の画像は、へび座の方向6500光年の距離にある「わし星雲」という暗黒星雲の中心部に見られる柱状のガスのかたまりで「創造の柱」と呼ばれる。1995年にハッブル宇宙望遠鏡が撮影し、宇宙でもっとも美しい光景のひとつとして有名になった。これを2022年にジェームズ・ウェッブ宇宙望遠鏡がふたたび撮影したのが右の画像である。ハッブルの可視光画像では柱の内部がわからないが、星雲内のちりを見通す赤外線でとらえたジェームズ・ウェッブの画像では、内部で多くの星が誕生している様子が映し出されている。(NASA, ESA, CSA, STScI, J. DePasquale, A. Koekemoer, A. Pagan (STScI), ESA/Hubble and the Hubble Heritage Team)

赤ちゃん星から大人の星へ

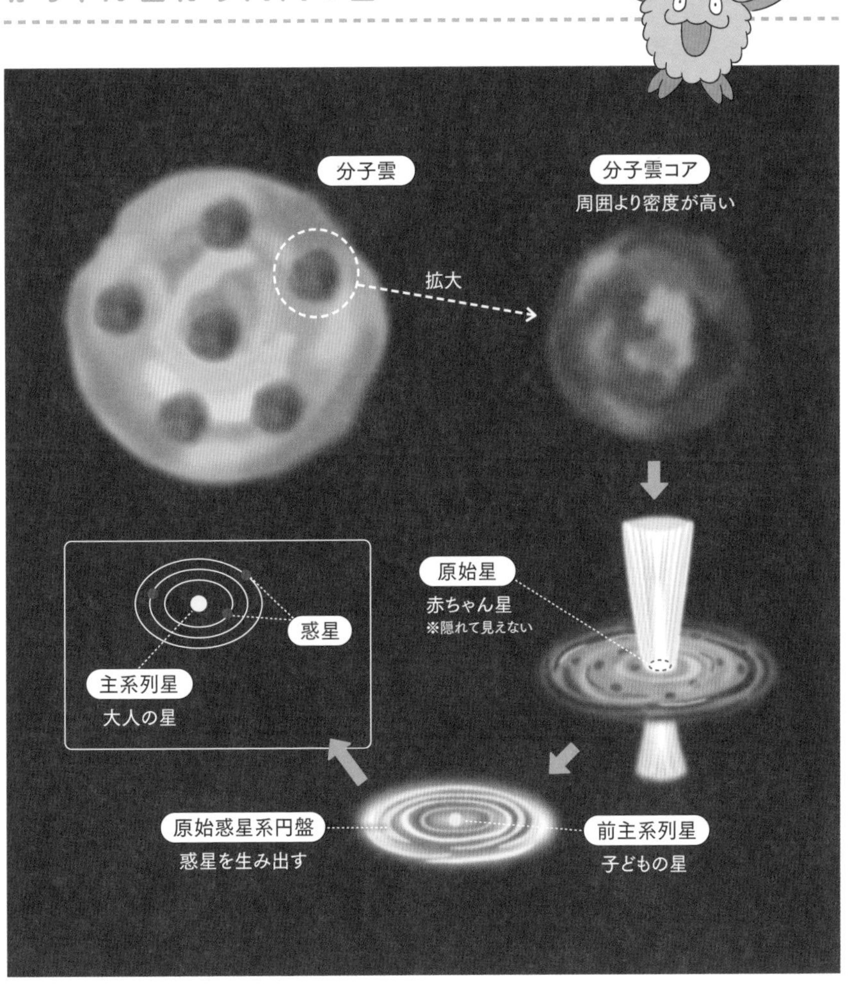

分子雲コアが収縮し始めてから大人の星である主系列星ができるまでに1億年以上かかる。

分子雲の中で密度の高い場所があると、自分の重力でガスがどんどん集まって収縮し、密度がさらに高くなり、温度も上昇します。すると水素分子の結合が切れて再び水素原子になり、さらに水素原子から電子が飛び出して水素イオンになります。水素イオンでできた高温のガスのかたまりを原始星といい、これが星の赤ちゃんです。

原始星は強い重力で周囲からガスを集め、さらに温度と密度が上昇します。温度が約1000万度に達すると、水素からヘリウムを作り出す核融合反応が起きて、膨大なエネルギーを出して輝きます。この状態の星を主系列星といい、星が一人前の大人になったことを意味します。

星が生まれてから死ぬまで②

おだやかな死と華麗な最期

星の寿命は星の重さで決まる

星の一生の長さは、星の重さによって決まります。こう聞くと、重い星は核融合の燃料である水素の量が多いので、長生きできるのだろうと思うかもしれません。しかし重い星は温度が高く、激しく燃えて水素をあっという間に使い切るので、じつは短命なのです。

太陽程度の重さの星の寿命は約100億年と考えられています。私たちの太陽は約46億年前に誕生したので、あと50億年はたっぷりと輝き続けます。

一方、太陽の約2倍の重さをもつおおいぬ座の1等星シリウスは、10億年程度の寿命しかないと考えられています。太陽の10倍の重さの星は、たった1000万年ほどで燃えつきて一生を終えてしまいます。

逆に、太陽の半分の重さの軽い星は数百億年も燃え続けます。トラピスト1という、太陽の9％程度の質量しか持たない小さな低温の星は、最長で10兆年以上という気が遠くなるほどの一生を送ると考えられています。

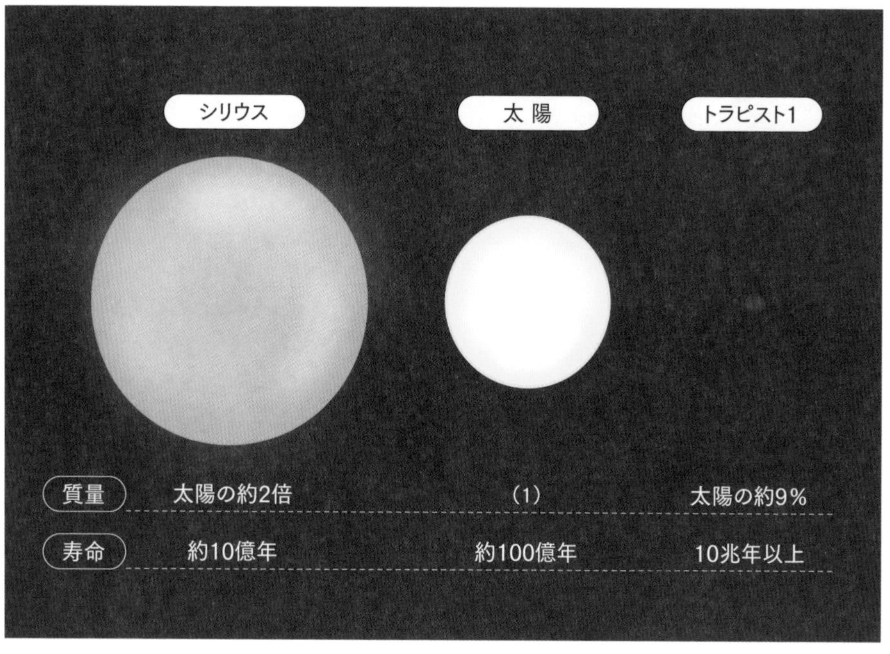

星の老年期と死

フムフム

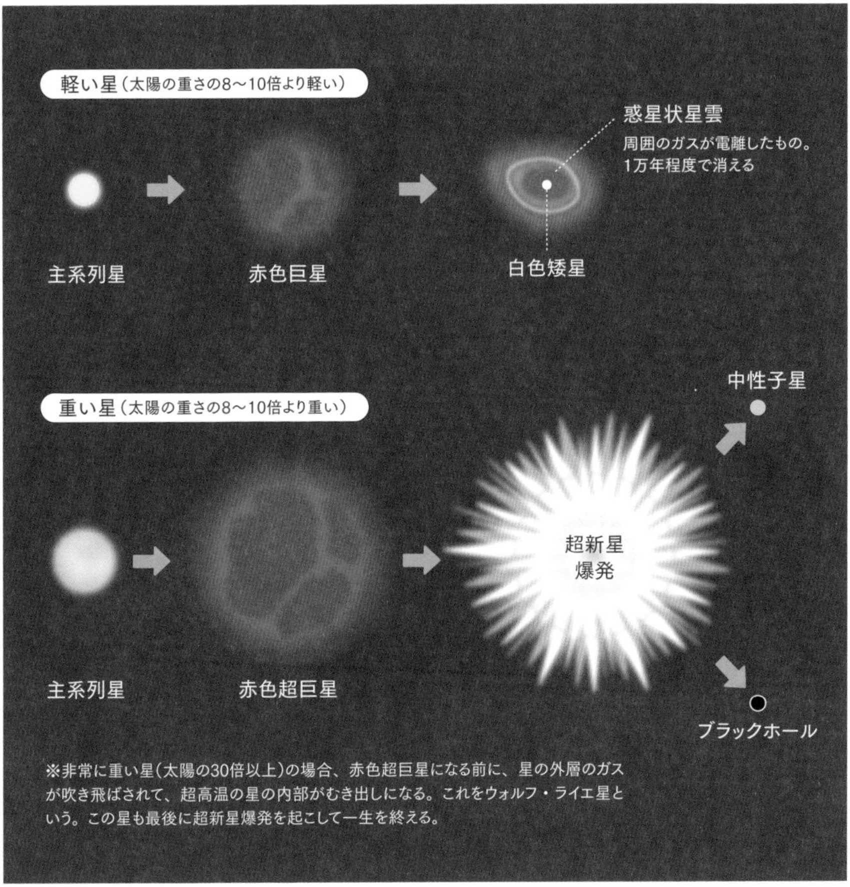

軽い星（太陽の重さの8〜10倍より軽い）

主系列星 → 赤色巨星 → 白色矮星

惑星状星雲
周囲のガスが電離したもの。1万年程度で消える

重い星（太陽の重さの8〜10倍より重い）

主系列星 → 赤色超巨星 → 超新星爆発 → 中性子星／ブラックホール

※非常に重い星（太陽の30倍以上）の場合、赤色超巨星になる前に、星の外層のガスが吹き飛ばされて、超高温の星の内部がむき出しになる。これをウォルフ・ライエ星という。この星も最後に超新星爆発を起こして一生を終える。

星の晩年の姿や死の迎え方も、星の重さによってまったく違います。太陽の重さの8〜10倍より軽い星は、老年期になると巨大化して、赤色巨星という赤い星になります。その後、膨らんだ星のガスが宇宙に逃げていき、地球サイズの小さくて高温の芯が残って白く輝きます。これを白色矮星といいます。白色矮星は何百億年もかけて冷えて暗くなり、宇宙の中に消えていくと考えられています。

一方、太陽の重さの8〜10倍より重い星の場合、老年期になると軽い星よりも大きく膨らんで赤色超巨星になります。そして最後に超新星爆発という大爆発を起こします。その後には、半径10kmほどしかないのに重力が非常に強い天体である中性子星か、中性子星よりもさらに重力が強く、光を含めたあらゆるものを飲み込むブラックホールが残ります。

惑星はどのようにできたか
-私たちは星の子だった-

惑星を生み出すガスとちりの円盤

恒星の赤ちゃんである原始星が少し成長して、Tタウリ型星という段階になった時、その周囲にはガスとちりでできた回転する円盤が見えるようになります。これを原始惑星系円盤といいます(109ページの図参照)。恒星の周囲を回る惑星は、この原始惑星系円盤の中から生まれます。

私たちが住む太陽系も、今から約46億年前には、このようなガスとちりでできた円盤だったと考えられています。円盤の中から地球などの惑星がどのように生まれてきたのかについては、4章でくわしく紹介します。惑星形成の研究は、現在の天文学でもっとも注目され、急速に進展している分野の1つです。

核融合を起こす前の恒星の周囲に原始惑星系円盤が作られ、その中で惑星が生まれつつある様子のイメージ図。(国立天文台)

さまざまな元素は星が作り出す

宇宙が誕生した時、宇宙の中には水素やヘリウムなどの軽い元素しか存在していませんでした。核融合によって燃えている恒星の内部では、最初は水素からヘリウムが作られます。老年期に入ると、燃えかすだったヘリウムが核融合を起こし、酸素や炭素が作られるようになります。

軽い星の場合はこれ以上反応が進みませんが、重い星ではさらに核融合が起こります。ネオンやマグネシウム、ケイ素、硫黄、カルシウムなどの重い元素が次々と作られ、最後には鉄ができます。鉄は安定した元素であり、これ以上核融合は起こりません。

重い星は最後に超新星爆発を起こして、さまざまな元素が宇宙空間にばらまかれます。それらは長い歳月ののちに再び集まり、新しい恒星が生まれ、その周囲で惑星が生まれます。そうした惑星の1つが私たちの地球です。人間の筋肉を作る炭素や酸素、骨を作るカルシウム、血液中の鉄、これらの元素はすべて星の中で作られたものであり、私たちは星のかけらから生まれた「星の子」なのです。

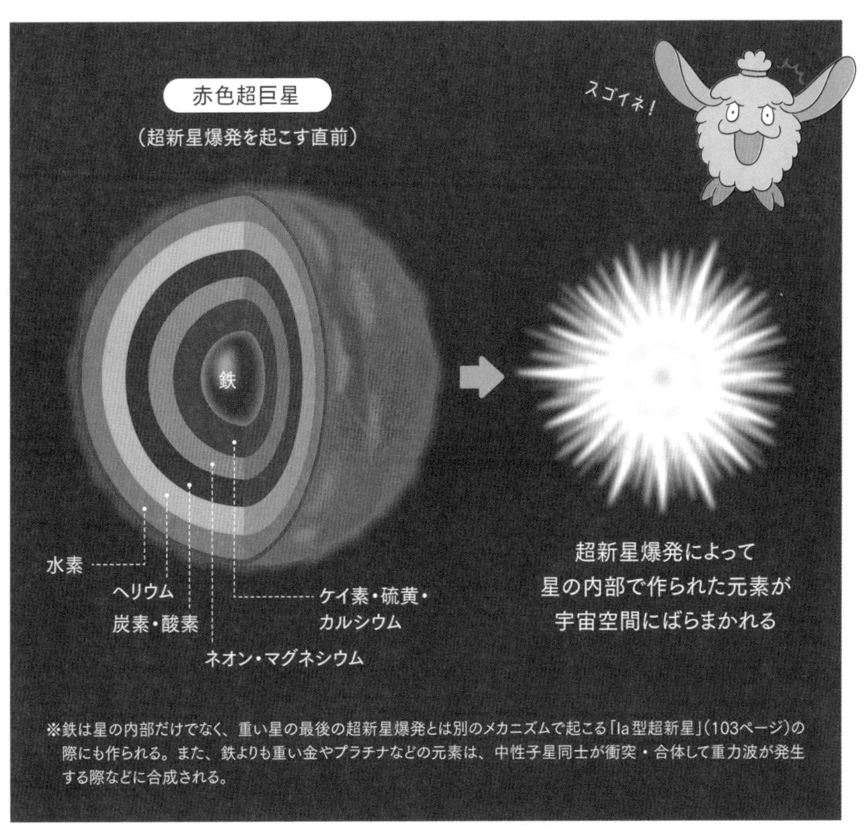

※鉄は星の内部だけでなく、重い星の最後の超新星爆発とは別のメカニズムで起こる「Ia型超新星」（103ページ）の際にも作られる。また、鉄よりも重い金やプラチナなどの元素は、中性子星同士が衝突・合体して重力波が発生する際などに合成される。

さまざまな波長の電磁波で宇宙を見る①

電磁波の種類と波長

スマートフォンや携帯電話などの通信に使われる「電波」。熱をもった物体から放出されたり、リモコンなどの赤外線通信に使われたりする「赤外線」。日焼けの原因となる「紫外線」。レントゲン写真に使われる「X線」。放射線の一種である「ガンマ線」。これらはみな、光(可視光)の仲間であり、電磁波と総称されます。

光とその仲間との違いは、波長の違いです。波長とは、波の山(もっとも高い場所)から次の山までの長さのことです。波長がもっとも長いのは電波で、赤外線、可視光、紫外線、X線、ガンマ線の順に、波長が短くなっていきます。

宇宙からは、太陽や星、銀河からのさまざまな波長の電磁波がやって来ます。人間の目には可視光しか見えませんが、それ以外の波長の電磁波を観測すると、宇宙の本当の姿が見えてきます。

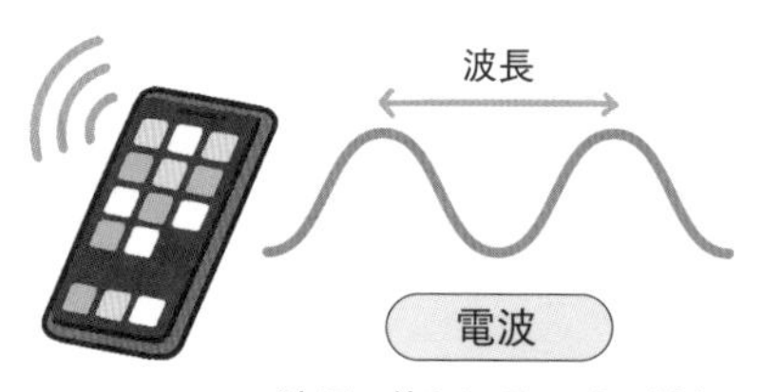

電波

波長：約0.1ミリメートル以上

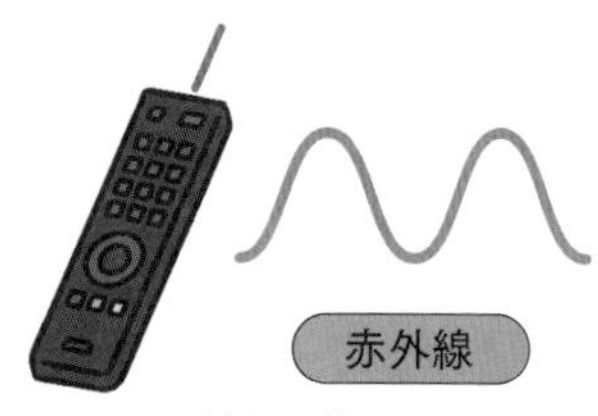

赤外線

波長：約800ナノメートル
～約0.1ミリメートル

光(可視光)

波長：約400
～約800ナノメートル

紫外線

波長：約10～400ナノメートル

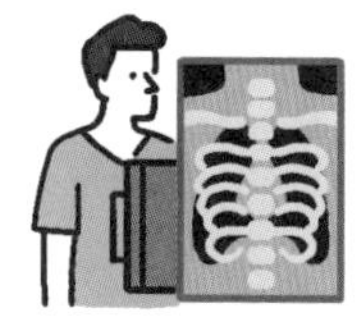

X線

波長：約1ピコメートル
～約10ナノメートル

※各電磁波の波長の範囲は厳密に決まっておらず、互いに多少重なっている。
※イラストでの各電磁波の波長は、実際の比率とは異なる。
※1ナノメートルは100万分の1ミリメートル、1ピコメートルは10億分の1ミリメートル。

可視光で見る宇宙

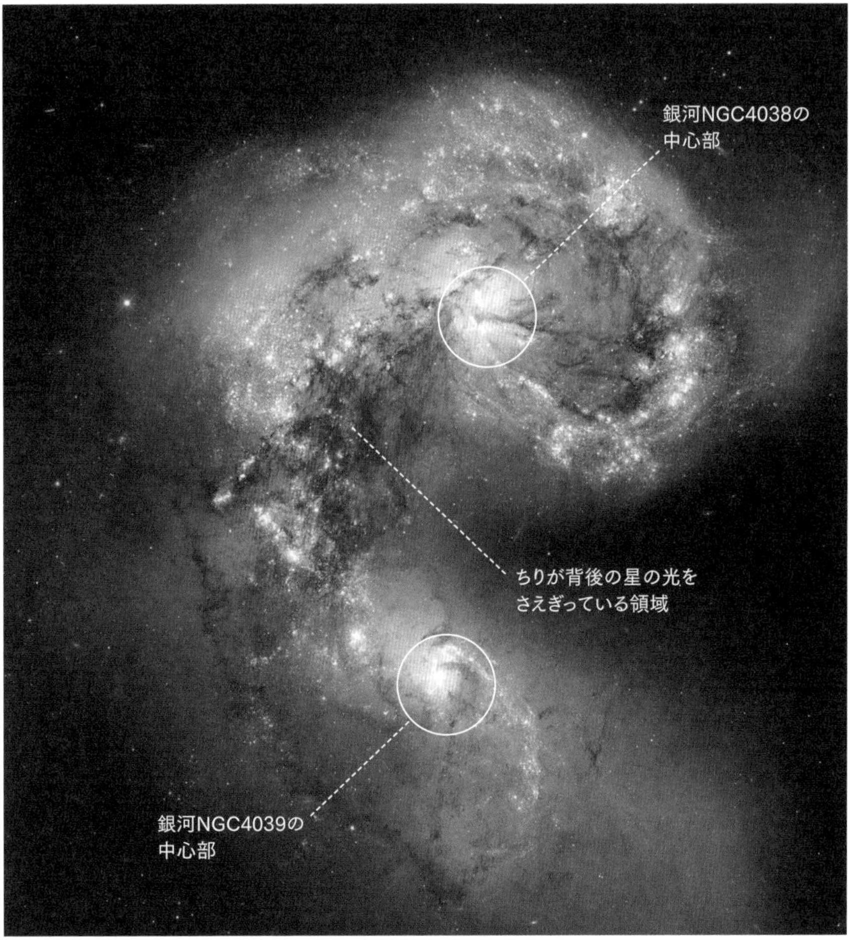

銀河NGC4038の
中心部

ちりが背後の星の光を
さえぎっている領域

銀河NGC4039の
中心部

触角銀河の可視光画像。（ESA/Hubble & NASA）

上の画像は、ハッブル宇宙望遠鏡が可視光で観測した触角銀河（アンテナ銀河とも）の画像です。この有名な銀河は、春の南の空に見えるからす座の方向約6800万光年の彼方にあります。

NGC4038とNGC4039という2つの銀河が約9億年前に衝突して、その影響で銀河から2本の腕状の構造（画像の青っぽく見える部分）が伸びています。これが昆虫の触角（英語でアンテナ）のように見えるのが、名前の由来です。

星の多くは可視光の波長でもっとも明るく輝きます。星とガスの集まりである銀河の構造や、宇宙における銀河の分布を調べるには、可視光による観測が最適です。

さまざまな波長の電磁波で宇宙を見る②

赤外線で見る宇宙

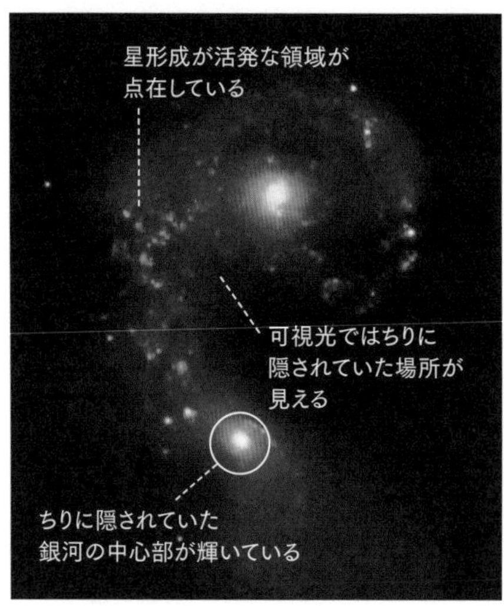

触角銀河の赤外線画像。（Bernhard Brandl and the WIRC team (Cornell), Palomar Observatory）

同じ触角銀河を、赤外線の中でも波長が短い近赤外線で観測したものが上（左）の画像です。2つの銀河の中心部が強く輝き、局所的に明るい領域が点在しています。

赤外線で見える星は、可視光を強く放つ星よりも温度が低い年老いた星です。また、生まれてまもない星の周囲では、ちりが星の光によって温められて赤外線を放ちます。そのため、星形成が活発な領域（点在する明るい領域）も赤外線で輝きます。さらに赤外線はちりを透過するので、可視光では見えなかった銀河の中心部の星の輝きがとらえられています。

電波で見る宇宙

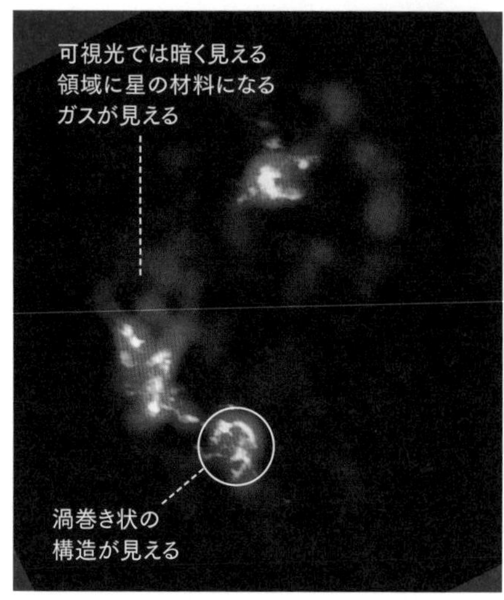

触角銀河の電波画像。（ALMA(ESO/NAOJ/NRAO)）

上（右）の画像は、日本・アメリカ・ヨーロッパなどの国際協同でつくった電波望遠鏡であるアルマ望遠鏡が撮影した触角銀河です。波長の異なる複数の電波を、赤・ピンク・黄色で色づけしています。銀河の中心部や2つの銀河がつながっている部分で、電波が強くなっていることがわかります。

電波を放っているのは星ではなく、宇宙を漂う冷たいガスやちりです。明るい部分はガスが濃く、星の材料がたくさんある領域です。また、電波は赤外線よりもちりを透過しやすいので、2つの銀河の中心部にあるガスの渦巻き構造が観察できます。

紫外線で見る宇宙

触角銀河の紫外線の画像は、淡い青色の輝きの中に、白く輝く点状の領域がいくつも見られます。ここは紫外線が強いことを示します。

紫外線で見えるおもな天体は、温度の高い星です。太陽の数十倍の重さを持つ「大質量星」は温度が高く、紫外線を強く放ちます。銀河の衝突によって星の材料となるガスが強く圧縮され、星を活発に生み出します。触角銀河が放つ紫外線の輝きは、銀河の中で大質量星が次々と生まれていることを表しているのです。

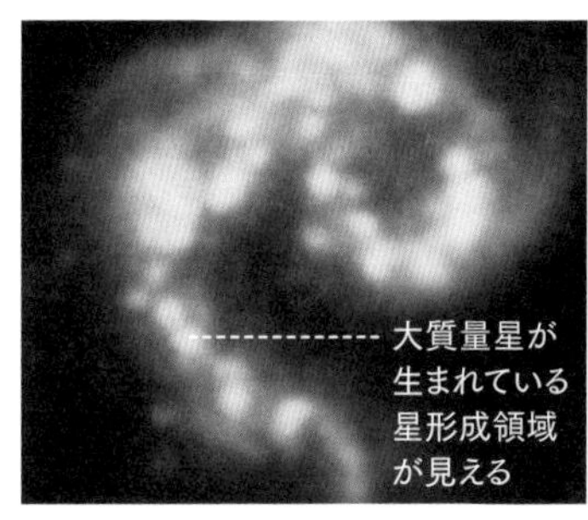

触角銀河の紫外線画像。（NASA/GSFC/Swift）

X線で見る宇宙

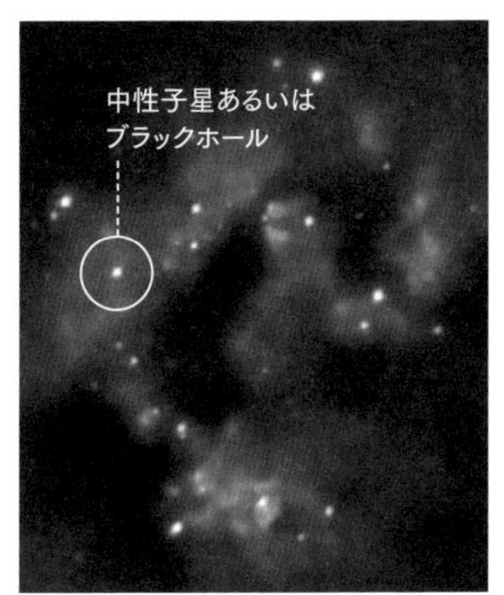

触角銀河のX線画像。
（NASA/CXC/SAO/J. DePasquale）

左の画像は、触角銀河が放つX線の強さの分布を可視化したものです。

X線画像は、きわめてエネルギーが高い現象をとらえます。点在する白い輝きは、超新星爆発の際に作られる中性子星やブラックホールです。小さくて非常に重力が強い中性子星は、表面温度が100万℃を超え、X線を強く放ちます。一方、ブラックホールは光も何も放ちませんが、ブラックホールに吸いこまれる周囲のガスが高温となってX線を放ちます。淡く広がる青白い領域は、銀河の中のガスが超新星爆発による衝撃波で熱せられてX線を放っていると考えられています。

ガンマ線で見る宇宙

触角銀河の姿をガンマ線でとらえた画像はありません。ガンマ線は、超新星爆発や爆発後に残る超新星残骸や中性子星、ブラックホールなどきわめてエネルギーの高い領域から放出されると考えられています。

またガンマ線バーストという、0.01秒から数分という短時間に、爆発的にガンマ線が放出される現象があります。中性子星同士の合体や、きわめて重い星の超新星爆発などから強いガンマ線が放射されると考えられています。

平松正顕さんが選ぶ 望遠鏡ベスト7

第7位 ジェームズ・ウェッブ宇宙望遠鏡

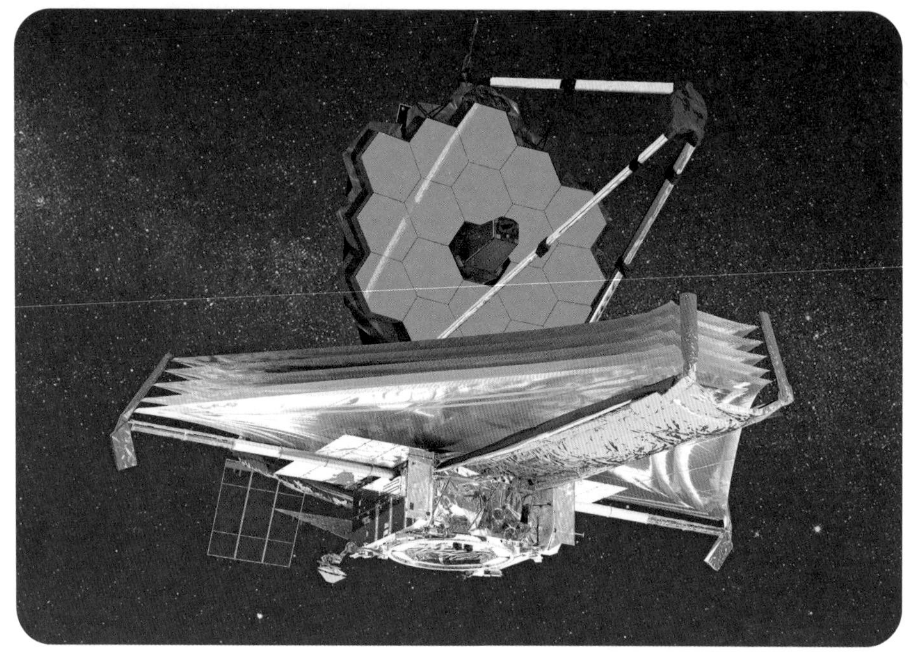

宇宙で観測を行うジェームズ・ウェッブ宇宙望遠鏡のイメージ画像。(NASA GSFC/CIL/Adriana Manrique Gutierrez)

ジェームズ・ウェッブ宇宙望遠鏡(以下JWST)は、アメリカ・NASAが主導して開発した宇宙望遠鏡です。2021年のクリスマスに打ち上げられ、2022年7月に最初の科学的成果となる画像を発表しました。それが本書のプロローグで紹介したイータカリーナ星雲の「宇宙の崖」や銀河団SMACS0723です。

JWSTは、天文学の歴史を変えたハッブル宇宙望遠鏡の後継機に位置づけられています。ただし、ハッブル宇宙望遠鏡が可視光を観測するのに対して、JWSTは赤外線を観測します。

JWSTの使命は「宇宙で最初に輝き始めた星や銀河」や「太陽系の外にある、生命を宿す惑星」を探すことです。そのためには赤外線を観測する必要がありますが、宇宙からやって来る赤外線は地球の大気に吸収されてしまい、地上では観測できません。そこで赤外線宇宙望遠鏡であるJWSTの出番になるのです。これらのくわしい話は、本書の4章や5章をご覧ください。

第6位 重力波望遠鏡LIGO

アメリカ・ワシントン州ハンフォードにある重力波望遠鏡「LIGOハンフォード」。長い2本の腕の長さは4kmある。まったく同じしくみの「LIGOリビングストン」が3000km離れたルイジアナ州リビングストンにあり、2台で観測を行う。(Caltech/MIT/LIGO Laboratory)

望遠鏡が観測するものは、光や赤外線、電波などの電磁波だけではありません。非常に微弱な「時空のさざ波」である重力波を観測するのが、重力波望遠鏡です。

2015年9月14日、かすかな時空のさざ波がアメリカの重力波望遠鏡LIGO(ライゴ)をわずかに震わせました。これは、アインシュタインが100年前に存在を予言した重力波が初めて検出された瞬間でした。重力波は、2つのブラックホールが衝突し、合体したことで発生したのです。

重力波望遠鏡は、普通の望遠鏡とはまったく違う姿をしています。数kmの長さを持つ2本の腕がL字型に組まれていて、その腕は内部を真空にした長いパイプでできています。パイプの中ではレーザー光が往復していて、重力波がやって来ると、それを感知するしくみになっています。

LIGOの世紀の大発見によって、私たちは重力波で宇宙を観測する「重力波天文学」の扉を開いたのです。重力波については、4章でくわしく紹介します。

2つのブラックホールが近づきながら重力波を放出している様子を表したイメージ図。実際に重力波がこのように見えるわけではない。(R. Hurt (Caltech-IPAC))

オオキイ！

第5位 野辺山45メートル電波望遠鏡

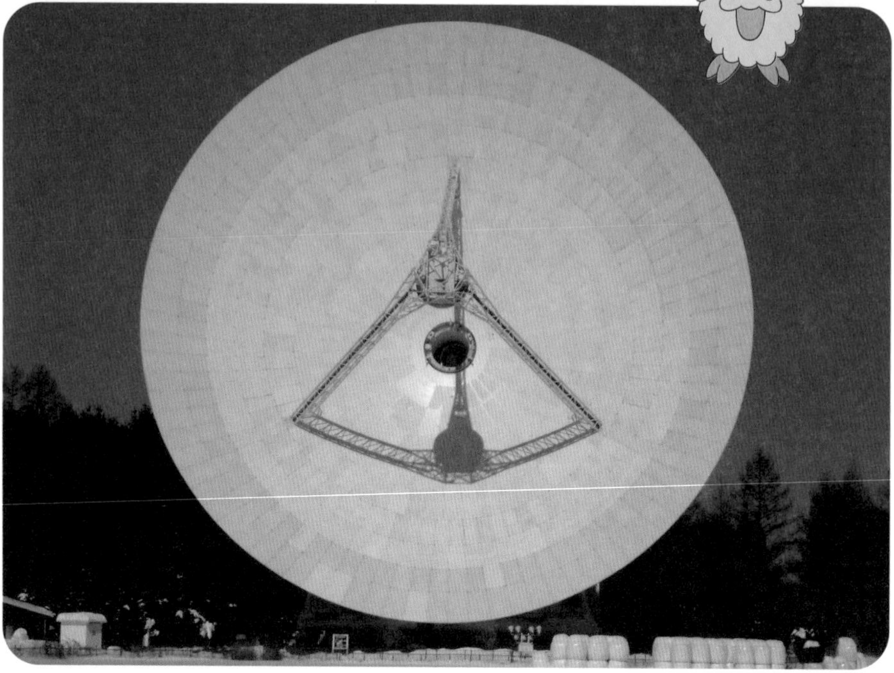

野辺山45メートル電波望遠鏡。15階建てマンションほどの高さのパラボラアンテナが、目的の天体めがけて上下左右に動く様子は壮観。（国立天文台）

長野県の野辺山高原にある野辺山45メートル電波望遠鏡は、ミリ波（波長1〜10mmの電波）を観測できる電波望遠鏡では世界最大級の口径を誇ります。1982年に完成し、今日まで日本の電波天文学を牽引してきました。

ミリ波の観測によって、星が星雲の中で生まれるしくみや、星と星の間に浮かぶ分子の探査など、可視光では見ることができない宇宙の謎をいくつも解き明かしてきました。特に、銀河の中心に巨大ブラックホールが存在することを初めて確認した研究（1995年）は世界を驚かせました。

私（平松）は大学生の時、学生実習で野辺山に行き、45メートル電波望遠鏡を使ってオリオン大星雲の観測を行いました。プロが使う望遠鏡を初めて使い、可視光では見えないガスの温度や動き、密度などさまざまな情報を引き出すことができて、電波天文学はこんなにおもしろいのだと感動したことを今も覚えています。

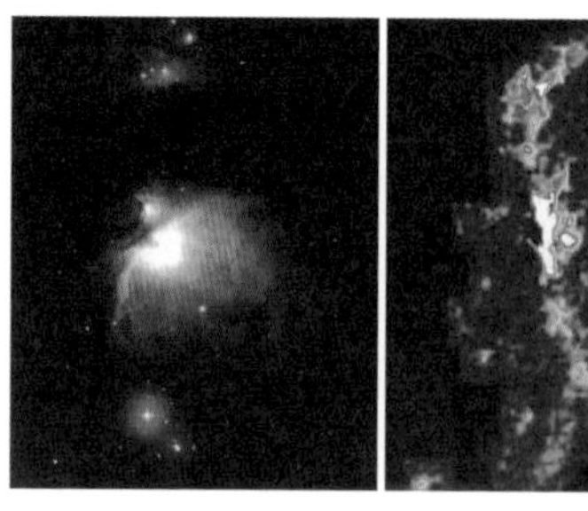

オリオン大星雲の可視光による画像（左）と、野辺山45メートル電波望遠鏡で撮影した画像（右）。電波望遠鏡による右側の画像では、オリオン大星雲の背後に隠れていた分子雲、すなわち「星のゆりかご」の姿が映し出されている。（国立天文台）

第4位 すばる望遠鏡

すばる望遠鏡とドーム。(国立天文台)

すばる望遠鏡は、日本がハワイ島マウナケア山頂に建設した大型光学赤外線望遠鏡です。主鏡は一枚鏡としては世界最大級の8.2mの口径を持ちます。

大口径のすばる望遠鏡は非常に遠くの天体からの微弱な光を集めて、その姿を映し出すことができます。また、天体の細かな部分を見分けられる分解能も高く、すばる望遠鏡の最高分解能は「視力1000以上」。これは富士山頂に置いたコインを東京都内から見分けられるほどです。

加えて、大望遠鏡としては画期的な広視野カメラを持ち、一度に広い範囲の空を観測できます。さらに、集めた光からシャープな天体像を得るための「補償光学装置」などの工夫が施されています。

太陽系内の天体から最遠の宇宙までを観測してきたすばる望遠鏡は、現在の機能を大幅に強化し、天文学研究に新たな地平を切り拓く「すばる2」プロジェクトをスタートさせています。正体不明のダークマター・ダークエネルギーの研究や、地球型太陽系外惑星の探査など、ホットな4つのテーマを掲げています。

すばる望遠鏡が2022年に撮影した渦巻銀河NGC 3338。約7600万光年の距離にあり、天の川銀河と同じくらいの質量と考えられている。(国立天文台)

第3位 位置天文衛星ガイア

天の川銀河の星々をサーベイ(くまなく観測)するガイア衛星のイメージ画像。(ESA/ATG medialab; background: ESO/S. Brunier)

ヨーロッパ宇宙機関(ESA)が2013年に打ち上げた位置天文衛星「ガイア」をご存じの方は、多くないかもしれません。ガイアは宇宙望遠鏡の一種で、全天をくまなく観測して、何億もの星の位置や動き、地球からの距離などを計測しています。その目的は、これまででもっとも正確な天の川銀河の地図を作ることです。

ガイアの観測データを分析すると、謎が多い天の川銀河の歴史を知ることもできます。たとえば、周囲の星と違う動きをしている星の集団が見つかると、それはかつて天の川銀河が吸収した、小さな銀河のなごりではないかと推測できるのです(くわしくは4章で)。

ガイアはきれいな天体写真を撮影したりしないので、地味といえば地味です。しかしその観測データは、天文学者にとってはまさに宝の山なのです。

第2位 ハッブル宇宙望遠鏡

2009年5月、第4次修理ミッションを終え、スペースシャトル・アトランティス号から宇宙空間へ放出されたハッブル宇宙望遠鏡。(STS-125 Crew, NASA)

ガイアとは逆に、ハッブル宇宙望遠鏡の名前はあまりにも有名でしょう。その画期的な成果の数々と、美しい宇宙の画像で一般の方々を魅了した点で、ハッブルはまさに天文学に革命をもたらした望遠鏡です。

高度500km以上の地点を周回しているハッブルですが、1990年の打ち上げ直後、主鏡のトラブルによりピンぼけ状態になっていることが判明しました。そのため急遽、スペースシャトルを使った修理ミッションが行われ、無事に成功しました。当時小学生だった私は、修理後に公開された「ビフォーアフター」写真を見て感動したことを覚えています。

宇宙の加速膨張(5章で紹介)を示す観測結果をもたらすなど、天文学の歴史を塗り替えてきたハッブルは、ジェームズ・ウェッブ宇宙望遠鏡と連携して今後も活躍を続けることでしょう。

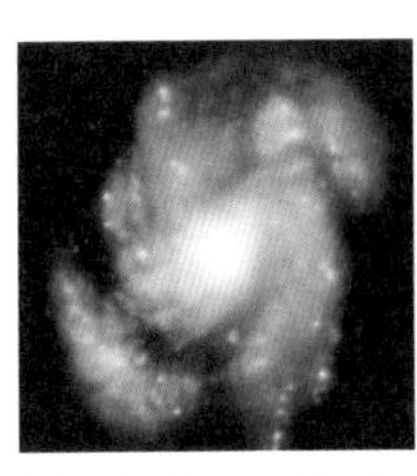
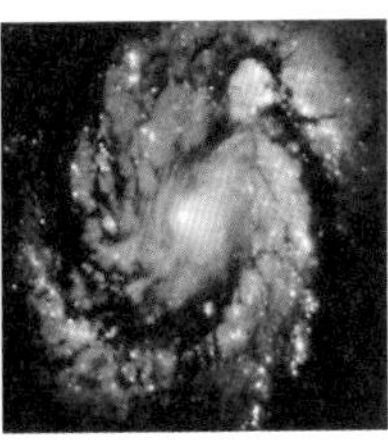

最初の修理後に撮影したM100銀河の画像(右)。修理前に撮影した画像(左)に比べて、ピンぼけが格段に解消された。(NASA)

アンテナ群のうち、日本が建設した「モリタアレイ」。(ESA/ATG medialab; background: ESO/S. Brunier)

第1位 アルマ望遠鏡

アルマ望遠鏡は、南米・チリ北部のアタカマ高地(標高約5000m)に建設された世界最大級の電波望遠鏡です。日本を含む世界22の国と地域が共同運営しています。2011年9月に初期科学観測を開始以来、従来の宇宙観を塗り替える多くの発見をしてきました。

アルマ望遠鏡は電波を受信する66台のパラボラアンテナを、最大で直径16km(山手線の直径距離に匹敵)の範囲内に設置できます。これらを連動させて1つの巨大な望遠鏡として機能させることにより、望遠鏡の実質的な口径は16kmとなります。その解像度は「視力6000」、これは大阪に落ちている1円玉の大きさが東京から見分けられる能力に相当します。

そんなアルマ望遠鏡の研究テーマは、おもに3つ。1つめは超遠方の銀河を観測して、銀河がどうやって生まれたのかを知ること。2つめは、恒星の誕生現場を電波で見通して、

広大なアタカマ高地に展開するアンテナ群。
（X-CAM / ALMA (ESO/NAOJ/NRAO)）

（左）天王星とその環をアルマが撮影。（ALMA (ESO/NAOJ/NRAO); Edward M. Molter and Imke de Pater）
（中）ガスの渦巻きに囲まれたちょうこくしつ座R星。（ALMA (ESO/NAOJ/NRAO)）
（右）渦巻銀河NGC 4254（ハッブル宇宙望遠鏡のデータとの合成画像）。（ALMA (ESO/NAOJ/NRAO)/PHANGS, S. Dagnello (NRAO)）

恒星の周囲で惑星がどのように生まれたのかを解き明かすこと。3つめは、宇宙空間に存在する分子が放つ微弱な電波をとらえて、生命の材料となる有機分子がどこから来たのかを探ることです。

これらのテーマに対して、アルマはこの10年超で画期的な成果を挙げ続けてきました。さらには他の電波望遠鏡と協力して、銀河の中心部にひそむ巨大ブラックホールの姿を世界で初めて撮影することにも成功しました。アルマ望遠鏡の広報を長年担当していた私としても、うれしい限りです。

アルマの活躍はまだ序章にすぎません。2023年度からスタートした「アルマ2計画」では、望遠鏡の機能強化を行いながら、3大テーマの達成に向けてさらに歩みを進めていくことを宣言しています。アルマは今後も、世界の天文学を牽引し、私たちの宇宙観を変えていくことでしょう。

光害(ひかりがい)について考えよう

人工の光によるさまざまな問題

「光害(ひかりがい)」とは、人工の光から生じるさまざまな問題のことです。

都市化によって屋外の照明が増加し、照明の過剰な、あるいは不適切な使用が増えました。その結果、居住者の安眠が妨げられたり、交通信号などの重要な情報を見落としやすくなったりするといった問題が起こっています。また、野生生物が人工の光に引き寄せられたり、逆に光を嫌って逃げていったり、植物の生長が阻害されるなどの悪影響も生じています。

そして上空に向けて放たれたり漏れたりした光は、大気中の水分やちりなどによって拡散されて、夜空の明るさを増大させています。その結果、天体観測の大きな障害となっているのです。

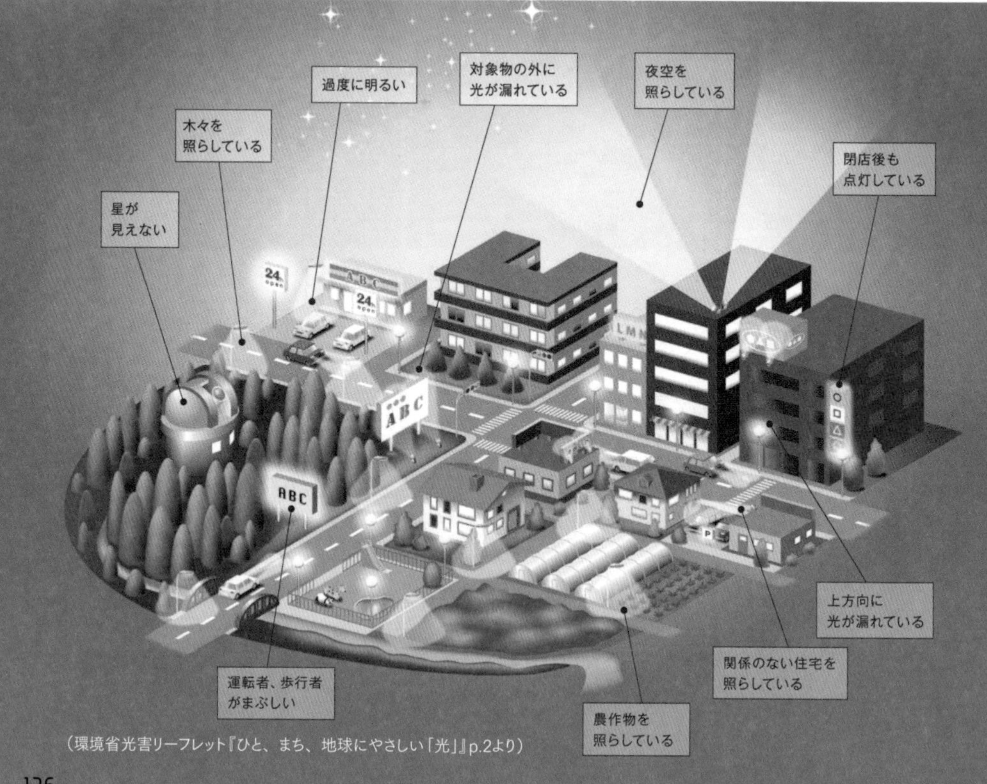

(環境省光害リーフレット『ひと、まち、地球にやさしい「光」』p.2より)

群馬県赤城山展望台より東京方面の眺望（2020年12月撮影）。画面左にオリオン座と冬の大三角が見えているはずだが、夜空でもっとも明るい星であるシリウスも光害のためにかすんでいる。（国立天文台）

星の見える夜空を守るために

光害をなくすためには、夜間に不要な光を出さないことです。交通安全確保や防犯のために必要な明るさは確保した上で、上空に漏れる光を減らした照明や、天体観測に対する影響が小さい低圧ナトリウム灯の利用など、技術面からの取り組みを行う必要があります。さらに条例制定などの行政によるルール作りや、一般の方への啓発活動も重要です。自治体による条例としては、岡山県井原市の「美しい星空を守る井原市光害防止条例」や群馬県高山村の「光環境条例」が知られています。

また、屋外照明の取り扱い等で光害を効果的に削減し、暗い夜空を保つ取り組みを国際ダークスカイ協会（IDA）に申請して「星空保護区」として認定される自治体もあります。日本では沖縄県西表石垣国立公園や東京都神津島、岡山県井原市美星町、福井県大野市の南六呂師地区が認定されています。（2023年8月時点）

電波天文学のための周波数保護

人工の光だけでなく、人工の電波も、電波天文学における天体観測に大きな影響をおよぼす場合があります。天体からの電波はきわめて微弱です。そのため、通信用などの人工電波が混ざると、あっという間にかき消されてしまいます。また、電波望遠鏡は微弱な信号に最適化された超高感度な受信システムを持っています。そのため、強烈な人工電波が直接入り込むと、受信装置が破壊されることもあります。

そこで、電波天文学にとって特に重要な波長（周波数帯）は、電波天文業務が優先的に使用できるように周波数が割り当てられています。

その他の周波数帯での観測には、関係する事業者との調整を行います。電波望遠鏡が使われている場所では人工電波放射を可能な限り控えてもらう、あるいは代替周波数の使用や無線通信によらない手法をとれないか、などを交渉しています。

長野県野辺山の夜空。左上から右下に向かう飛跡がスターリンク衛星である。（長山省吾、国立天文台）

人工衛星の反射光から観測を守る

スペースX社のスターリンク衛星は、地球規模の衛星インターネットサービスを提供する目的で打ち上げられています。高度550kmという人工衛星の中では低い軌道を回り、総数4万2000基という膨大な衛星数の打ち上げが予定されています。

各衛星の本体と太陽電池パネルは、可視光と赤外線の領域で太陽光を反射して輝きます。そのため日没後や日の出前の数時間は、地上から明るい物体として確認できます。数十基が列をなして飛ぶ様子は、まるで「銀河鉄道」のようでもあります。しかしこれだけ明るい人工物が夜空にあれば、天体観測に深刻な影響を与えることが懸念されています。

スペースX社はスターリンク衛星の明るさを軽減する対策を講じて、天体観測との共存に向けた調整をしています。黒い塗装を施した「ダークサット」や、太陽光の反射軽減のための日除け設備を付けた「バイザーサット」が打ち上げられました。

国立天文台などによる実測調査の結果、ダークサット、バイザーサットともに、天体観測への影響軽減に一定の効果が見られました。その一方で、衛星の飛跡は天文観測への影響が懸念される程度に明るいものでもありました。

スペースX社は今後、従来の第1世代の衛星より数倍大型の第2世代衛星を打ち上げることにしています。衛星が大きくなれば、反射光も明るくなる可能性があるので、その影響を引き続き注視する必要があります。

光害問題も人工電波の問題も、天文学者はけっして天文学が一番大事で天体観測さえできればよいと思っているわけではありません。便利な生活や安全な生活を担保した上で、無駄な光は出さないようにしたり、お互いにじゃまをしないで共存できるようにしたい、そうした思いで、関係者との調整を図っていきたいと考えています。

4章

天文学者は今、何に注目している？

天文学者は毎晩、望遠鏡で新しい星を探している人？　いえいえ、そうではありません。天文学者が今、何に注目し、宇宙のどんな謎に迫ろうとしているのか。現代天文学の最前線を紹介します。

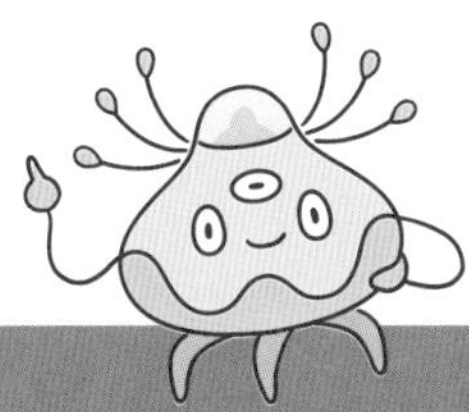

ブラックホールってどんな天体？

ブラックホールは「穴」ではない？

ブラックホールは、非常に狭い空間に大量の物質を極限まで詰め込んだ天体です。そのために非常に強力な重力を持ちます。宇宙でもっとも速い光も、ブラックホールの強い重力に逆らって外に出ていくことができません。そのために真っ暗に見えることからブラックホール（黒い穴）と名づけられました。ですが、宇宙に穴が空いているわけではなく、黒い球体のようなものになります（右のイメージ図）。

ブラックホールの表面にあたる部分のことを、事象の地平面（あるいは事象の地平線）と呼びます。太陽が地平線の向こうに沈んだら見えなくなるように、事象の地平面の内側、つまりブラックホールの内部からは光も何もやって来ないので、ブラックホールを直接「見る」ことはできません。

ただし、ガスやちりでできた円盤がブラックホールを取り巻いていることがあります。これを降着円盤といいます。降着円盤には物質が次々と降り積もることで非常に高温になり、電波からX線までいろいろな電磁波を発しています。これを観測することで、ブラックホールの存在を間接的に知ることができます。

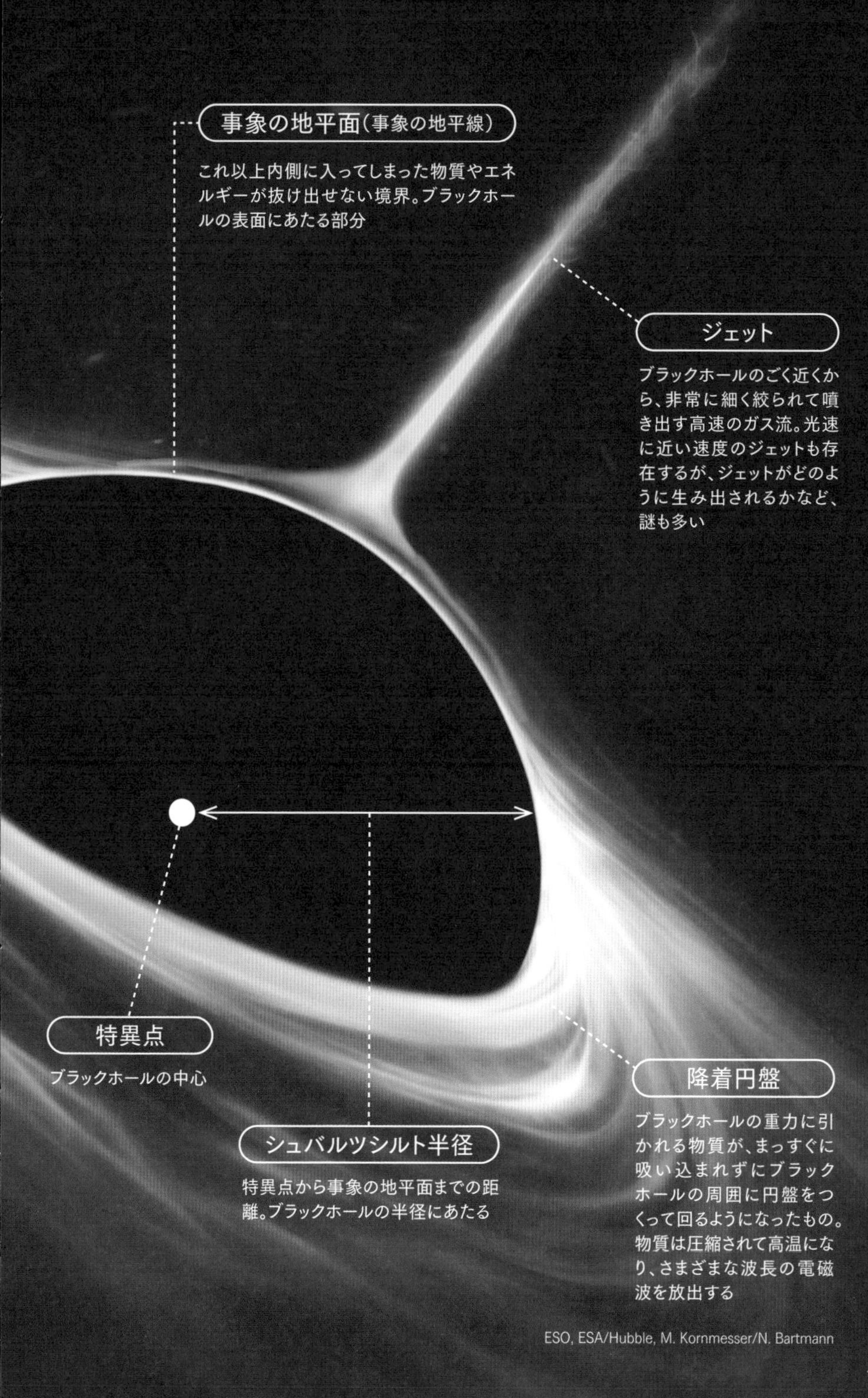

ESO, ESA/Hubble, M. Kornmesser/N. Bartmann

銀河の中心にひそむ巨大ブラックホール

星の重さほどのブラックホール

宇宙には大きく分けて2種類のブラックホールが存在します。1つめは、星の重さほどのブラックホールで、恒星質量ブラックホールといいます。太陽の約30倍以上の重さの星が超新星爆発を起こして、元の星の中心部が巨大な重力によって無限につぶれていき、ブラックホールとなったものです。

こうしたブラックホールは、時に他の星と連星になっていることがあります。ブラックホールは相手の星からガスをはぎ取り、自分の周囲に降着円盤を作ります。そこからX線を強く放つので、これをX線連星といいます。

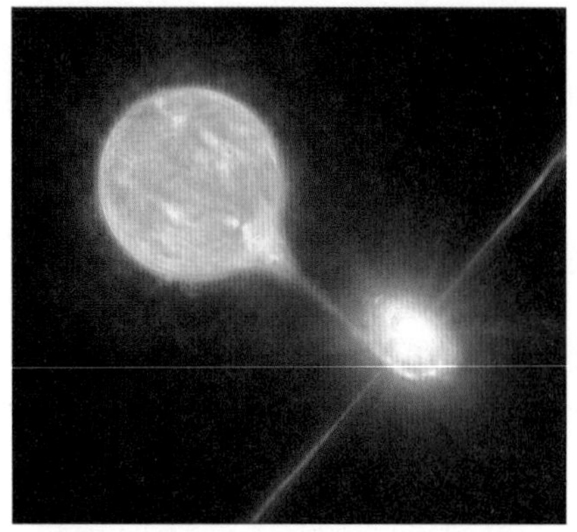

恒星質量ブラックホール（右側）が連星をなす星（左側）からガスをはぎとり、降着円盤をつくっている様子のイメージ図。
（ESO/L. Calçada/M.Kornmesser）

星よりはるかに重い巨大ブラックホール

2つめは、超巨大ブラックホール（超大質量ブラックホール）と呼ばれるもので、太陽の10万倍から100億倍程度の質量を持ちます。こうした超巨大なブラックホールは、私たちの天の川銀河を含め、多くの銀河の中心部に存在しています。しかし超巨大ブラックホールがどのように作られたのかわかっていません。

銀河の中には、超巨大ブラックホールに激しくガスが流入し、強い電波や光、X線を発するものがあります。このような銀河を活動銀河といいます。銀河の大きさの数倍に及ぶ巨大なジェットを噴き出すものもあります。

活動銀河の中心部にある超大質量ブラックホールのイメージ図。
（Robin Dienel/Carnegie Institution for Science）

Column ブラックホールQ&A

Q. ブラックホールの大きさはどのくらいあるの？

A. ブラックホールの大きさ（シュバルツシルト半径）は、ブラックホールの重さによって決まります。重さが太陽と同じである場合、シュバルツシルト半径は約3kmになります。半径約70万kmの太陽を、重さを保ったまま、約23万分の1のサイズに圧縮すると、ブラックホールになります。

天の川銀河の中心部には、太陽の約400万倍の重さの超巨大ブラックホールがあります。しかしシュバルツシルト半径は約1200万kmしかなく、太陽の数百倍の大きさの赤色巨星よりも小さいです。

Q. ブラックホールは誰が発見したの？

A. ブラックホールという存在を理論的に「発見」したのは、ドイツの天文学者シュバルツシルトで、1916年のことです。彼はアインシュタインが作った一般相対性理論（重力に関する理論）をもとにして、重力が極限まで強くなった場合の空間の性質を考えました。すると、物質はもちろん、光さえも脱出できなくなる不思議な領域ができることに気づいたのです。

ブラックホールが実際の宇宙に存在するかどうかについては、アインシュタインも懐疑的でした。しかし1960年代にX線連星が見つかり、連星のうちの一方がブラックホールであるとみなされるようになったのです。

カール・シュバルツシルト（1873～1916）

Q. ブラックホールに飲み込まれたらどうなるの？

A. ブラックホールの内部（事象の地平面の内側）に飲み込まれた物質は、猛スピードでブラックホールの中心である特異点に向かって落下していきます。

「ブラックホールの内部には、吸い込まれた物質がぎっしりと詰まっている」と思うかもしれませんが、もし詰まっているなら、同じ場所にとどまることになります。しかしブラックホールの内部で物質は止まっていられず、特異点に向かってひたすら落ちていくのです。

特異点は、密度が無限大、重力の強さも無限大となる1点です。では、特異点にたどりついた物質は、いったいどうなるのでしょうか。残念ながら現代の科学では、まだその答えを見つけられていません。

ブラックホールの「影」を見た！

ブラックホールを影絵で見る

光も何も出さないため、けっして見ることができないブラックホール。しかし天文学者は何とかして、その姿を見たいと願ってきました。そしてその夢が、ついにかなったのです。

下の画像は、左が天の川銀河の中心部にあるブラックホール、右が5500万光年の彼方にある楕円銀河M87の中心にあるブラックホールの姿です。ともに、明るいリング状の構造にふちどられた中心の暗い部分（ブラックホールシャドウといいます）に、ブラックホールが存在しています。光を放たないブラックホールを「影絵」として見たものが、この画像です。

2つのブラックホールの重さは、天の川銀河中心のものが太陽の約400万倍、M87の中心のものは約65億倍もあると推定されています。まさに超巨大（超大質量）なモンスターブラックホールです。

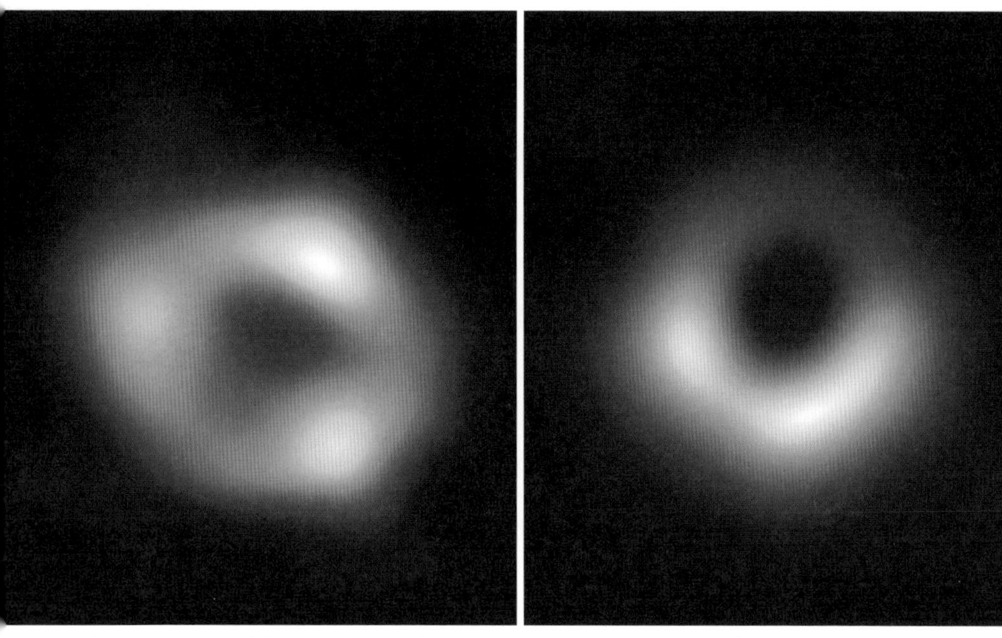

ブラックホールシャドウの実際の画像。左は天の川銀河、右はM87銀河のそれぞれ中心部にあるブラックホールのシャドウである。（EHT Collaboration）

地球サイズの口径の電波望遠鏡で観測

ブラックホールの撮影に成功したのは、EHT（イベント・ホライズン・テレスコープ）です。チリのアルマ望遠鏡や、ハワイ、スペイン、南極などにある8つの電波望遠鏡で同時にブラックホールを観測し、そのデータを結合させて地球サイズの口径の巨大電波望遠鏡を実現する国際プロジェクトです。日本を含む世界13か国、200人以上の研究者が参加しました。イベント・ホライズンとは事象の地平面のことです。

超巨大ブラックホールがひそむ銀河中心部には大量のガスやちりがあり、可視光で見通すことができません。そこで電波望遠鏡で観測するのです。EHTの解像度は人間の視力に直すと「300万」になり、月面に置いたゴルフボールが地球から見えるほどです。この高い解像度により、ブラックホールが撮影できたのです。

シャドウやリングはどのようにできる？

ブラックホールの周囲にガスなどがあって、光を放っているとします。その光は、事象の地平面内に入り込んでしまえば、そこから抜け出すことができません。また、事象の地平面ぎりぎりのところをかすめるように進んできた光は、地球の周囲を回る人工衛星のように、事象の地平面上をぐるぐると回るようになります。これらの光は、地球に届くことはありません。

一方、事象の地平面の少し外側を通る光は、ブラックホールの重力によって進路を曲げられますが、ブラックホールに飲み込まれずに進み、地球に届きます（下の図の左側）。これを地球から見ると、リング状の光に見えます（下の図の右側）。リングの内部の暗い領域がシャドウです。

リング状の光は事象の地平面の外側を通ってやって来るので、事象の地平面の大きさ、つまりブラックホールの大きさは、シャドウよりも少し小さくなります。

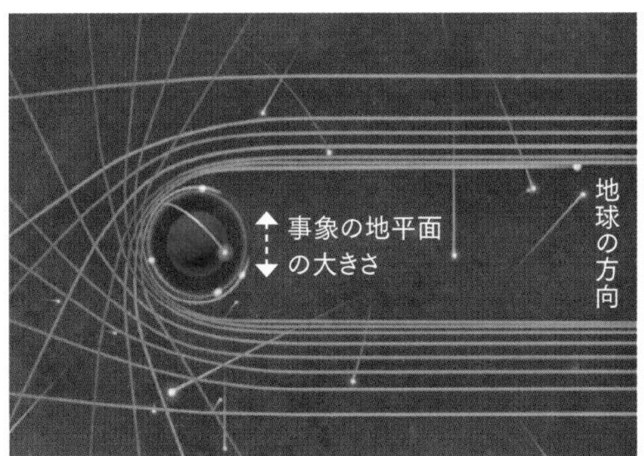

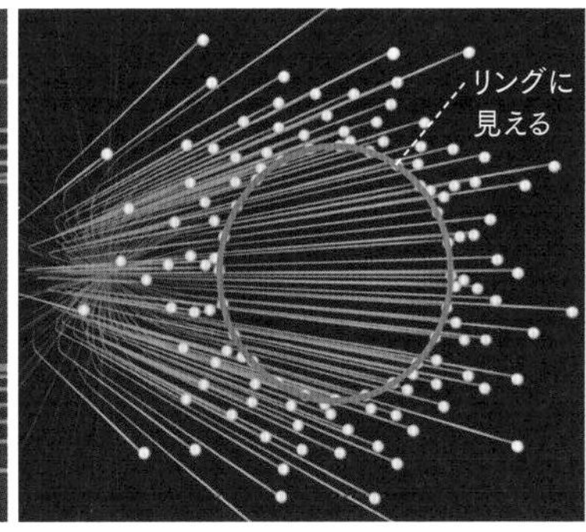

（左）ブラックホールの周囲の光の軌跡の模式図。ブラックホールの重力によって光はさまざまな方向に進路を曲げられるが、その中で地球の方向（図の右側）にやって来る光をおもに選んで描いている。（右）地球の方向にやって来る光の経路を斜めから見た図。光はリングのように見え、その内側の領域がブラックホールシャドウである。（Nicolle R. Fuller/NSF）

太陽系の外にある惑星を探せ！

他の恒星のまわりにも惑星はあるか？

夜空に輝く星々の周囲を回る惑星のことを太陽系外惑星（または系外惑星）といいます。天文学者たちは長年、太陽系外惑星を探してきましたが、なかなか見つかりませんでした。それは、非常に暗い惑星が非常に明るい恒星の近くにあるためです。

太陽系を遠くから眺めた場合、太陽は地球の約3億倍の明るさで輝いています。スタジアムのナイター照明のすぐ隣でホタルが飛んでいても気づかないように、そばにある恒星の眩しい光に埋もれた太陽系外惑星の姿を探すのは難しかったのです。

眩しい恒星のすぐそばにある暗い太陽系外惑星を探すことは非常に難しい。

太陽系外惑星をついに発見！

しかし1995年、スイスの天文学者マイヨールとケローが、ついに太陽系外惑星を発見しました。秋の星座であるペガスス座で見つかったその惑星は、木星の約半分の重さで、ペガスス座51番星という恒星のそばを約4日の周期で回っていました。

この惑星の名前はペガスス座51番星ｂといいます。太陽系外惑星の名前は、中心にある恒星を「A」として（実際にAとは呼ばない）、発見順に（同時発見なら内側の軌道から）b、c、d……とアルファベットの小文字が振られる形で命名されます。

恒星のすぐ近く（太陽・地球間の約20分の1の距離）を回る太陽系外惑星ペガスス座51番星ｂのイメージ図。（NASA/JPL-Caltech）

いきなり発見ラッシュの時代へ

木星の半分のサイズの太陽系外惑星が、恒星のそばをたった4日の周期で公転していたことに、世界中の天文学者が驚きました。太陽系の場合、木星は太陽の周囲を約12年で1周します。太陽系外惑星も同じように、巨大な惑星は恒星から遠く離れたところを10年以上の周期で公転するはずだと考えられていたからです。

しかし、太陽系外惑星を探していた天文学者たちが従来の観測データを見直すと、数日から数百日という短い周期で公転する巨大な惑星が存在することを示すものが続々と見つかりました。従来の常識にとらわれて、データを見落としていたのです。

その後、太陽系外惑星は一気に発見ラッシュの時代に入りました。これまでに（2023年6月時点）5500個近くの太陽系外惑星が発見されています。

Column

太陽系外惑星の見つけ方

太陽系外惑星の発見手法・観測手法には「直接法」と「間接法」があります。直接法は太陽系外惑星の光を直接とらえる方法です。しかし明るい恒星のそばにある惑星の光を検出することは、当初は困難でした。そこで、惑星が存在することで恒星に与える影響をさまざまな方法でとらえる間接法による観測が進んできました。

間接法による代表的な2つの観測法が、ドップラー法とトランジット法です。ドップラー法は、惑星の重力によって恒星がふらつく様子を、恒星の色の変化から見つけ出すものです。一方、トランジット法は地球から見て惑星が恒星の手前を通り過ぎる時に、恒星の光が弱くなる様子をとらえます（説明図を参照）。

なお、近年は直接法による観測も進んでいますので、後で紹介します。

ドップラー法

近づく
恒星からの光
惑星
観測者
恒星
質量重心
遠ざかる
恒星からの光

惑星の重力によって恒星の位置がふらつく様子を、恒星の色の変化（光の波長のドップラー効果）から知る。

トランジット法

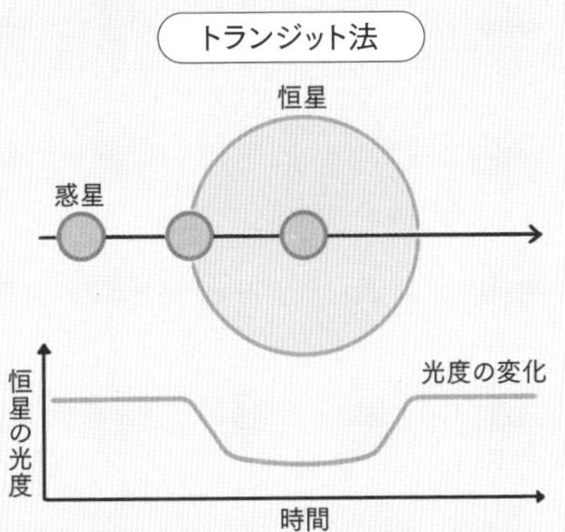

惑星が恒星の前面を通過（トランジット）して恒星の光度が一時的に弱くなることから、惑星の存在を知る。

太陽系外惑星の姿は多種多様

太陽系外惑星の種別分類

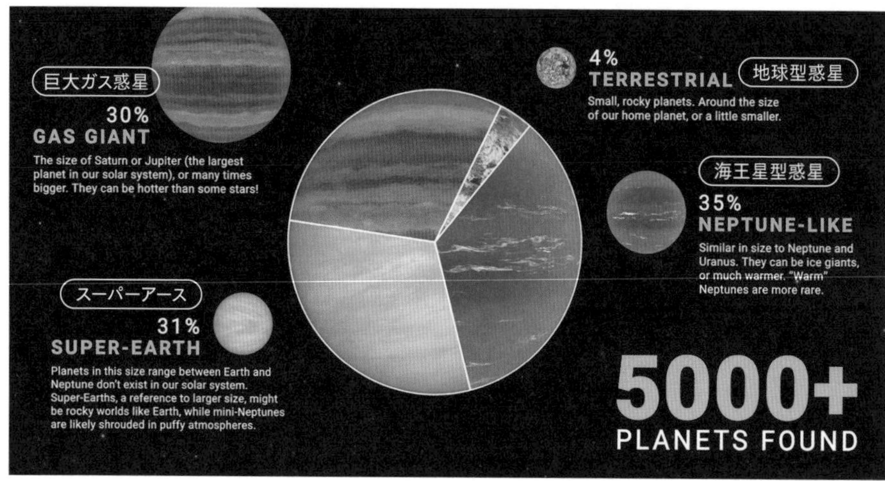

太陽系外惑星の発見数が5000個を超えた2022年3月に、NASAが作成した太陽系外惑星の種別分類のイラスト。
（NASA/JPL-Caltech）

これまでに見つかった5000個以上の太陽系外惑星のうち、30％は木星のような巨大ガス惑星で、35％はそれよりも小さい、海王星のような海王星型惑星です。

それらの中にはペガスス座51番星ｂのように、恒星のすぐ近くを公転しているものがあり、ホットジュピター（熱い木星）やホットネプチューン（熱い海王星）と呼ばれます。その表面温度は1000℃以上になっていると考えられています。

残りのうち、31％は地球より大きなサイズの岩石惑星と考えられるもので、スーパーアース（大きな地球）と呼ばれます。そして残りの4％が地球とよく似た、あるいは地球よりやや小さな岩石惑星である地球型惑星です。

当初は、ホットジュピターのような太陽系に存在しないタイプの太陽系外惑星ばかりが発見されました。しかしそれは、恒星に近い場所に大きな惑星が存在するほうがドップラー法やトランジット法で見つけやすかったためです。近年は観測の精度が上がり、発見が難しかった地球サイズの岩石惑星も見つかってきています。

ケプラーによる太陽系外惑星探査の革命

これまでに発見された太陽系外惑星のうち3000個以上を見つけたのが、NASAのケプラー宇宙望遠鏡です。2009年に打ち上げられ、はくちょう座の方向のこぶし大の領域(空全体の約4000分の1の広さ)を観測し、トランジット法で太陽系外惑星を探査しました。地球の大気にじゃまされない宇宙望遠鏡なので、地上からの観測では難しい星の明るさの変化を超精密に測定でき、地球サイズの惑星も見つけられます。

ケプラーの登場によって、太陽系外惑星の発見数は一気に4桁のレベルで上積みされるようになったのです。これはまさに「ケプラー革命」と呼べるものでした。

2018年にケプラーは燃料を使い果たし、運用を終了しました。ただしケプラーが残した観測データは膨大で、今後も10年以上にわたってデータの分析が続けられ、新たな太陽系外惑星が見つかるはずです。

太陽系外惑星を観測するケプラー宇宙望遠鏡のイメージ図。(NASA Ames/W. Stenzel)

後継機TESSの打ち上げ

ケプラーの後継機として2018年に打ち上げられたのが、宇宙望遠鏡TESS(テス)です。Transiting Exoplanet Survey Satellite(トランジット太陽系外惑星探査衛星)という名前の通り、やはりトランジット法によって惑星を探します。

空の一角を見続けたケプラーに対して、TESSは4台のカメラを使って全天の約85%の領域を見ていきます。また、ケプラーは地球から500光年以上離れた、遠くにある恒星の惑星をおもに見つけていました。一方、TESSが探査できる恒星は地球から30〜300光年という近い距離にあるので、その後の追観測によって惑星のくわしい情報を得られることが期待できます。

TESSによって2023年6月までに350個の太陽系外惑星が発見され、6600個以上の惑星候補天体が確認を待っています。

太陽系外惑星を探すTESSのイメージ図。(NASA/Goddard Space Flight Center)

不思議な太陽系外惑星コレクション

地球にもっとも近い太陽系外惑星

太陽系に一番近い恒星であるケンタウルス座アルファ星は、3つの星が回り合う3重連星です（106ページ）。3つの星の中でも太陽系にもっとも近い場所にあるのが、プロキシマ・ケンタウリという星です（距離約4.2光年）。2016年、この星に惑星が見つかり、大きな話題を呼びました。

見つかった惑星プロキシマbは、地球とほぼ同じ重さを持つ岩石惑星だと考えられています。プロキシマ・ケンタウリのすぐ近くを公転していますが、この恒星は太陽よりずっと小さくて暗いので、惑星は灼熱の環境ではなさそうです。もしプロキシマbに大気があれば、適度な温度を保つことができ、その場合は海が存在したり、その中に生命がいたりするかもしれません。

太陽系外惑星プロキシマbのイメージ図。（ESO）

岩石惑星を7つも持つ星

トラピスト1を回る惑星の表面のイメージ図。あくまでイメージであり、惑星の表面に海があるとは限らない。
（NASA/JPL-Caltech）

地球から39光年彼方にあるトラピスト1（110ページ）には7つの惑星が見つかっています。みな地球サイズの岩石惑星であり、うち3つは「ハビタブルゾーン（生存可能領域）」内にあるとされています。

ハビタブルゾーンとは、恒星に近すぎも遠すぎもしない適度な距離にあって、惑星の表面に液体の水が存在できる範囲のことです。ハビタブルゾーン内の惑星に、必ず海があったり生命がいたりするとは限りません。しかし生命を育める環境を持つ惑星は宇宙に意外と多いかもしれないことを、この多重惑星系は明らかにしたのです。

連星のまわりにも惑星が見つかった

連星の周囲にも惑星が見つかっています。TESSが2020年に見つけたのは、連星TOI 1338の2つの星の周囲をぐるりと回る「周連星惑星」です。他にも、連星のうちのどちらか一方の周囲だけを回る惑星も見つかっています。

連星系「TOI 1338」の周囲を回る太陽系外惑星「TOI 1338 b」（中央の黒い丸）のイメージ図。（NASA/Goddard Space Flight Center）

宇宙を漂う浮遊惑星

恒星の周囲を回らずに宇宙を漂う惑星サイズの天体も見つかっていて、浮遊惑星と呼ばれます。恒星の周囲で生まれた後で、何らかの原因で惑星系から飛び出したものだという説と、恒星と同じように分子雲が自身の重力で収縮していき、そのまま惑星になったものだという説があります。

浮遊惑星のイメージ図。（NASA/JPL-Caltech）

綿あめのような惑星？

地球から約2600光年離れたところにあるケプラー51という恒星の周囲には、3つの惑星が回っています。どれも地球数個分（海王星の約半分）の重さしかないのに、直径は土星や木星ほどもあります。

太陽系の中でもっとも平均密度が低いのは土星で、1㎤あたり約0.7gです。水より軽いので「土星は水に浮く」などと言われます。ケプラー51の3つの惑星の密度はそれよりも低く、1㎤あたり0.1g未満です。NASAはこれを「綿あめのような惑星」と表現しています。低密度の理由はわかっていませんが、ケプラー51とその惑星はみな若い天体なので、完成前の過渡期にあるためではないかとも予想されています。

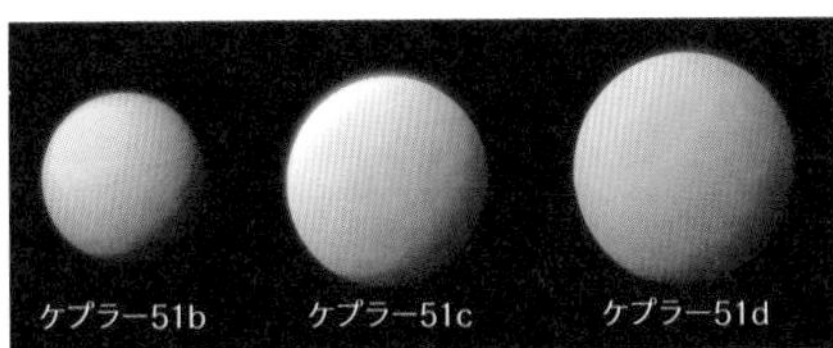

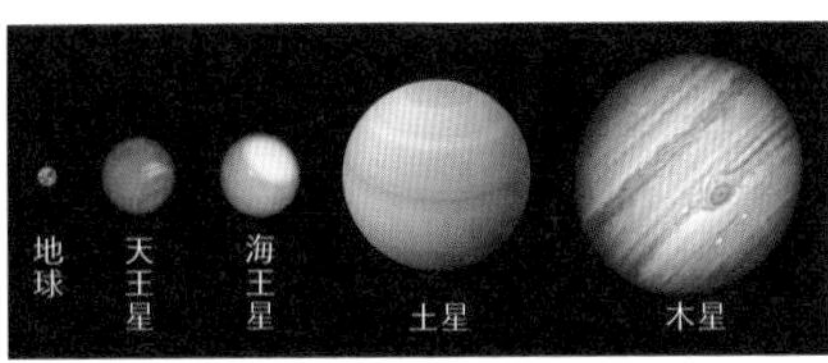

ケプラー51の惑星（左、イメージ図）と太陽系の惑星（右）の比較。（NASA, ESA, and L. Hustak and J. Olmsted (STScI)）

惑星系はどのように誕生するのか？

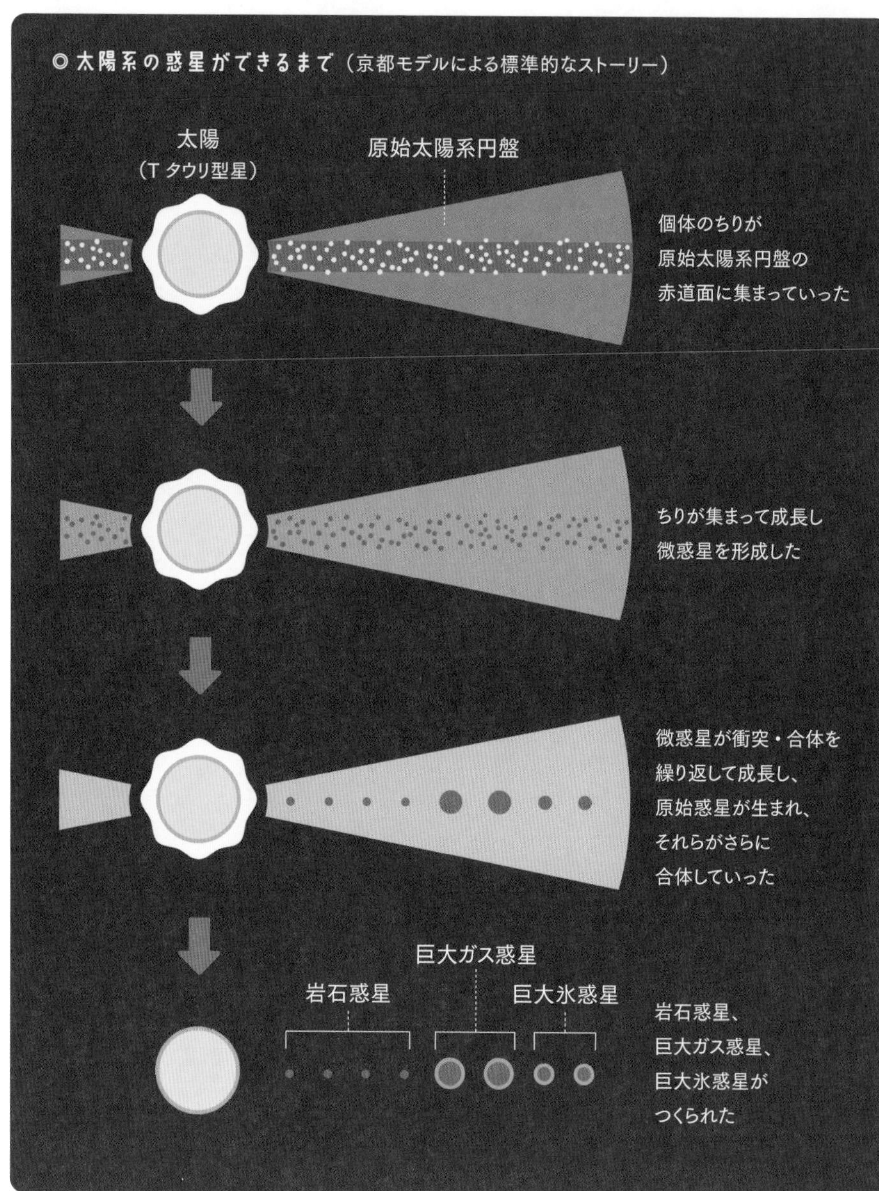

太陽系の惑星が生まれたしくみ

3章でも触れたように、惑星は原始星の周囲に広がる原始惑星系円盤の中から生まれます。太陽系の場合は、これを特に原始太陽系円盤といいます。

前ページの図のように、原始太陽系円盤の中で固体のちりが集まって層をつくり、その中でちりが集まって1〜10kmの小天体が無数に生まれました。これを微惑星といいます。この微惑星同士が衝突・合体を繰り返して原始惑星ができ、続いて原始惑星同士が衝突・合体して、現在の太陽系の各惑星ができたのです。

微惑星のうち、太陽に近い場所にできたものは、氷が太陽の熱で蒸発していたため、岩石や金属がおもな成分でした。そのため水星・金星・地球・火星は岩石惑星になりました。

一方、太陽から遠い場所では氷を含んだ微惑星が大量に存在し、それらが合体して大きな原始惑星ができました。また、太陽から遠い場所では円盤内のガスも豊富にあったため、強い重力で大量のガスをまとい、巨大ガス惑星である木星や土星が生まれました。また、天王星や海王星はもっと後にできましたが、その時にはガスが拡散してなくなっていたため、ガスをほとんどまとわない巨大氷惑星になったと考えられています。

従来のモデルの見直しが進む

こうした太陽系の惑星誕生のストーリーは京都モデル(または林モデル)と呼ばれるものが土台になっています。1970年代から80年代に京都大学の林忠四郎のグループが作ったため、その名がつきました。京都モデルは太陽系だけでなく、他の惑星系の成り立ちも説明できるだろうと予想されていました。

ところが太陽系外惑星が続々と発見されて、予想はくつがえされました。京都モデルによると、巨大ガス惑星は恒星から離れた場所にできるはずなので、ホットジュピターのような惑星の成り立ちを説明できないのです。

そこで天文学者たちは、京都モデルを見直した新しい惑星形成モデルを作ろうとしています。たとえば、惑星はずっと同じ軌道をとるのではなく、ダイナミックに軌道が変化するという考え方が主流になってきました。ホットジュピターはもともと恒星から遠い場所でつくられ、それが内側に移動してきたというのです。

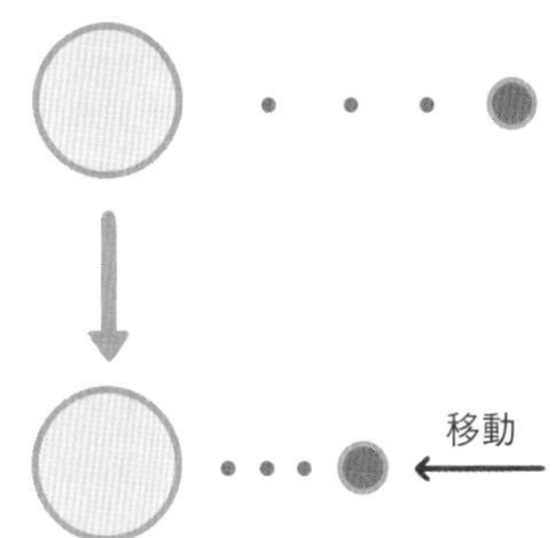

恒星から遠い場所にできた巨大ガス惑星が内側の軌道に移動したことで、ホットジュピターになったという説が唱えられている。

惑星の誕生現場を見るアルマ望遠鏡

まるでCGのような実際の円盤画像

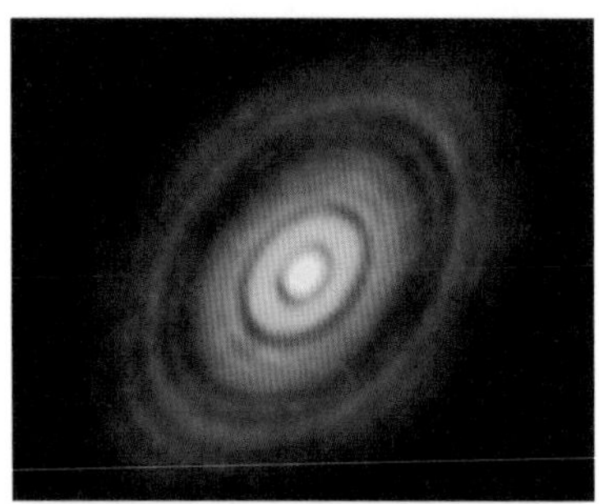

(上)アルマ望遠鏡が撮影したおうし座HL星の実際の画像。(下)惑星形成のCGシミュレーション画像。
(上：ALMA (ESO/NAOJ/NRAO)、下：Bryden et al. (2000) ApJ)

惑星形成の研究を加速させているのは、望遠鏡の技術の進展によって、惑星誕生の現場である原始惑星系円盤が非常に高い精度で見えるようになったことです。その立役者といえるのが、アルマ望遠鏡です。

プロローグにも載せた、おうし座HL星を取り巻く原始惑星系円盤の画像は、アルマ望遠鏡による初期の画期的な成果です。この画像は、コンピュータシミュレーションで描かれていた原始惑星系円盤のイメージ図とよく似ていました。予言通りの天体画像が実際に得られたことで、天文学者たちは大いに沸き立ったのです。

恒星のそばの惑星形成現場も見通す

地球から約200光年の距離にあるうみへび座TW星は、私たちにもっとも近い惑星形成の現場です。アルマ望遠鏡による観測で、円盤の中心近くの、地球の軌道半径と同じくらいの位置にすき間があることがわかりました。ここに地球のような惑星がすでに作られているかどうかはまだわかっていませんが、岩石惑星ができうる場所を直接見ることがアルマ望遠鏡によって可能になってきたのです。

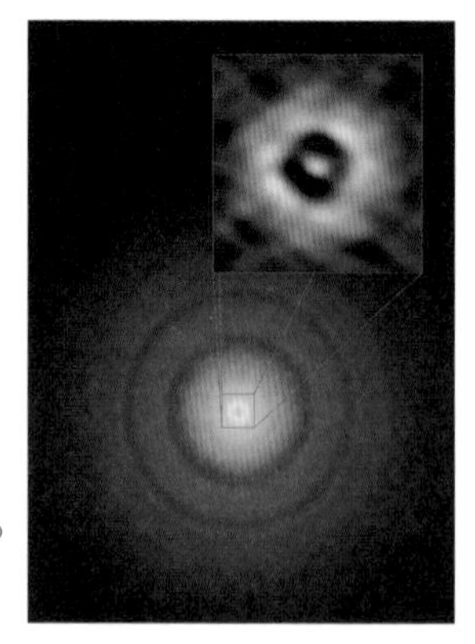

アルマ望遠鏡がとらえた若い星うみへび座TW星のまわりの原始惑星系円盤。中央部分の拡大図では、星にもっとも近い円盤のすき間が写し出されている。
(S. Andrews (Harvard-Smithsonian CfA), ALMA (ESO/NAOJ/NRAO))

惑星ができる場所をピンポイントで特定

同じうみへび座TW星の原始惑星系円盤内に、小さな電波源をアルマ望遠鏡が見つけました。これは、円盤内ですでに海王星サイズの惑星ができていて、そのまわりに集まったちりから電波がやって来ているのかもしれません。あるいは、円盤内でちりが掃き集められて、これから惑星ができる場所が見えているのかもしれません。いずれにしても、惑星が作られる過程の重要な一場面をとらえたといえます。

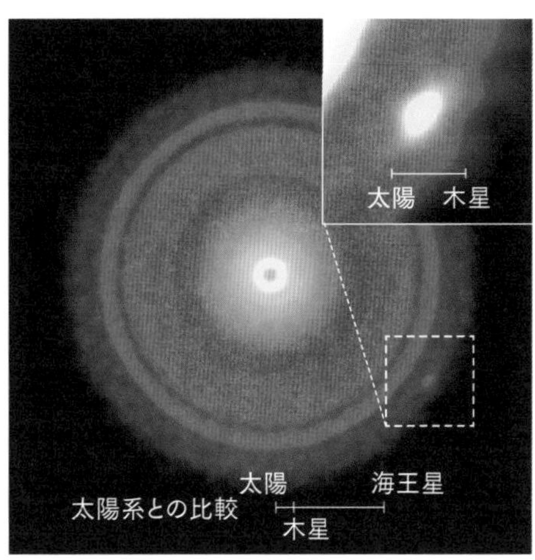

アルマ望遠鏡が観測したうみへび座TW星を取り巻く原始惑星系円盤の南西側（図右下側）に小さな電波源が発見された。図中のスケールは太陽系の大きさとの比較を表す。
（ALMA (ESO/NAOJ/NRAO), Tsukagoshi et al.）

惑星が生まれる現場は十人十色

アルマ望遠鏡は、多くの若い星の周囲を観測し、多彩な惑星誕生現場の様子を撮影してきました。ひとつひとつの原始惑星系円盤をくわしく調べるだけでなく、多くの円盤を観測して共通点や相違点を調べることも重要です。中心の恒星の大きさによって、あるいはその進化の程度によって、円盤の姿はどのように変わるのか。惑星ができあがるには、どれくらいの時間がかかるのか。まだ解かれていない謎を明らかにするために、アルマ望遠鏡による観測が続いています。

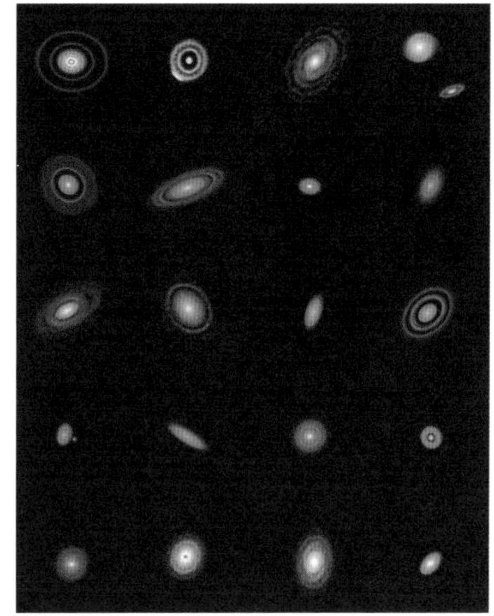

アルマ望遠鏡がとらえた20の惑星系誕生現場。
（ALMA (ESO/NAOJ/NRAO), S. Andrews et al.; NRAO/AUI/NSF, S. Dagnello）

太陽系外惑星を直接見たい！

明るい恒星の光を隠すコロナグラフ

これまでドップラー法やトランジット法などの間接法で、多くの太陽系外惑星が発見されました。しかし天文学者はやはり、太陽系外惑星の姿を直接見たいと願います。そのためには、惑星の近くにある恒星の光を隠さなければなりませんが、これを可能にする技術がコロナグラフです。

コロナとはウイルスの名前ではなく、太陽の周囲にある超高温の大気層のことです。ふだんは太陽が眩しくて見えませんが、月が太陽を完全に隠す皆既日食の際に見ることができます。

太陽のコロナを人工的に見るために考案されたものがコロナグラフで、太陽にマスクをしてコロナを観測します。いわば人工皆既日食装置がコロナグラフです。

これをさらに応用して、太陽系外惑星や原始惑星系円盤などを観測するために、そばにある恒星や原始星だけを隠す装置が作られました。正式にはステラー（恒星）コロナグラフといいますが、単にコロナグラフとも呼ばれます。

皆既日食の際に見られる太陽のコロナ。太陽の表面温度は約6000℃だが、コロナは100万℃以上もある。（国立天文台）

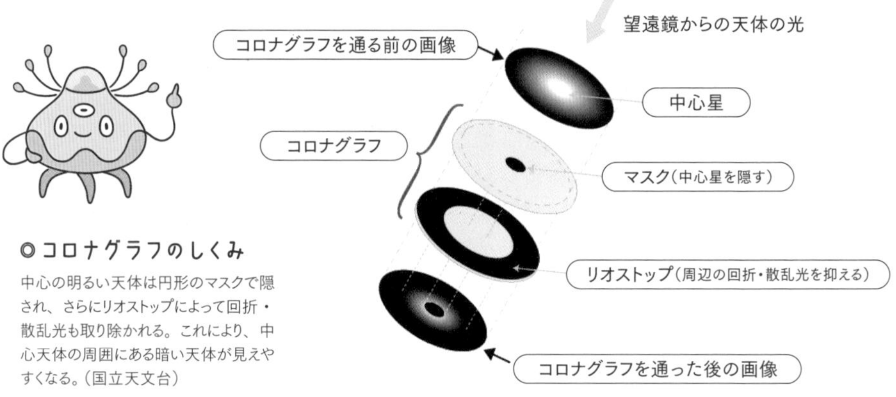

◎コロナグラフのしくみ

中心の明るい天体は円形のマスクで隠され、さらにリオストップによって回折・散乱光も取り除かれる。これにより、中心天体の周囲にある暗い天体が見えやすくなる。（国立天文台）

「第2の木星」の直接撮影に初成功

2013年、すばる望遠鏡の新型コロナグラフ撮像装置「HiCIAO(ハイチャオ)」を使って、太陽系外惑星や原始惑星系円盤の直接撮像を目指す「SEEDS(シーズ)」プロジェクトのチームが画期的な成果を挙げました。地球から約60光年離れたグリーゼ504という恒星の周囲に、惑星グリーゼ504bを発見し、その姿を直接撮影することに成功したのです。

グリーゼ504bは木星の約4倍の重さの巨大ガス惑星と考えられています。「第2の木星」といえる惑星の姿を直接写すことに成功したのは、世界初の快挙でした。

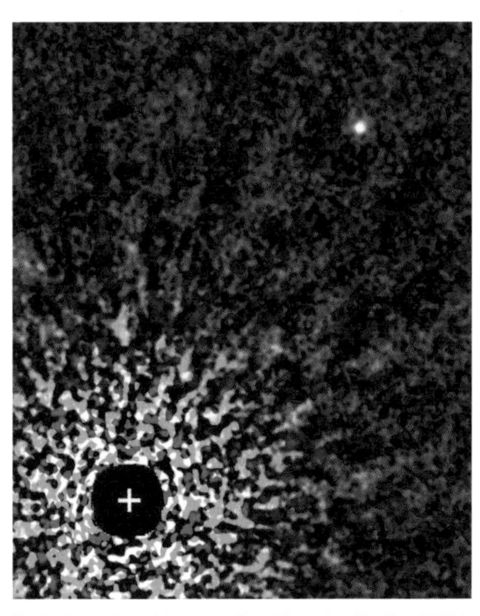

恒星グリーゼ504(左下の＋印で隠してある箇所)の周囲を回る太陽系外惑星グリーゼ504b(右上の白い点)を、すばる望遠鏡HiCIAOで直接とらえた画像。コロナグラフによって恒星からの光はかなり隠されているが、除去しきれない光が放射状に広がっている。(国立天文台)

円盤内の原始惑星の姿もとらえる

さらに2022年には、すばる望遠鏡に搭載された最新鋭の観測装置を駆使して、ぎょしゃ座AB星の原始惑星系円盤の中に埋もれた、成長しつつある原始惑星の姿を撮影することにも成功しました。

最新鋭の装置は、大気による星の像の乱れをシャープにする超補償光学装置「SCExAO(スケックスエーオー)」と、赤外線観測装置「CHARIS(カリス)」です。これらを使った観測によって、見つかった像が円盤中のガスやちりではなく、原始惑星本体であることがわかりました。さらにこの惑星には水素ガスが大量に降り積もりつつあることも明らかになったのです。

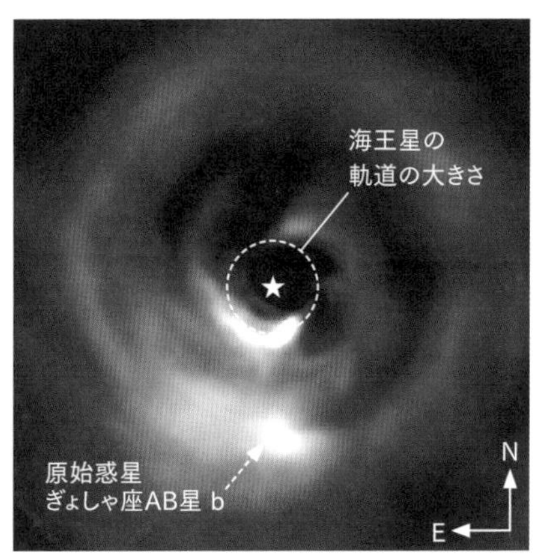

ぎょしゃ座AB星の原始惑星系円盤の画像。恒星は円盤の中心の★の位置にあるが、コロナグラフで隠されている。点線の楕円は、太陽系の海王星の軌道(半径が地球・太陽間の約30倍)に相当する。(T. Currie/Subaru Telescope)

生命を宿す太陽系外惑星は見つかるか？

太陽系外惑星に生命の兆候を探す

太陽系外惑星の生命探査を行おうとする時、地球から何光年、何十光年も離れた惑星に探査機を送り、現地で生命を探すことは現実的ではありません。そこで、惑星の光を望遠鏡で観測して、生命が存在している兆候を探すことになります。

天体を観測した時、そこに生命が存在することを示す指標になる分子や原子のことをバイオシグニチャー（またはバイオマーカー）といいます。惑星からの光を分析して、惑星の大気や地表に生命と関係の深い水や酸素、オゾン、メタンなどのバイオシグニチャーが見つかれば、その惑星が生命を宿している可能性があるでしょう。

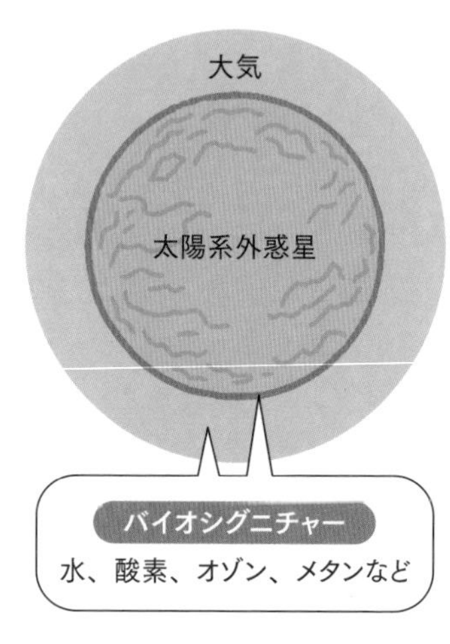

宇宙を舞台として、生命を宿せる場所やその存在を探査し、地球上だけにとらわれずに生命の起源や進化を考える新しい学問を「アストロバイオロジー」というよ！

宇宙植物の反射光を探せ！

有力なバイオシグニチャーと考えられているものに、植物の反射光があります。

植物の細胞内には、光合成を行う際に重要な働きをする葉緑素（クロロフィル）が大量に含まれています。植物が緑色をしているのは、葉緑素による反射光が緑色に見えるためです。しかし、葉緑素は可視光よりも特定の波長の赤外線を10倍も強く反射し、これをレッドエッジといいます。

そこで、太陽系外惑星からの光にレッドエッジが見つかれば、そこには宇宙植物が生えているかもしれないとわかるのです。

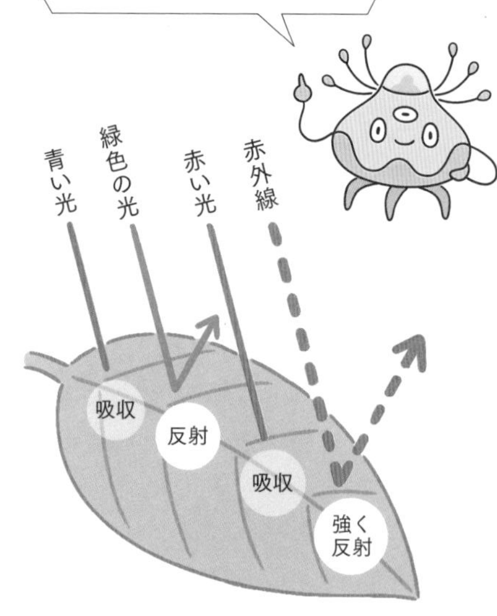

宇宙望遠鏡が観測した太陽系外惑星の大気

太陽系外惑星の大気の観測は、じつはジェームズ・ウェッブ宇宙望遠鏡がすでに行っています。たとえばほうおう座にあるWASP-96bという惑星が恒星の手前を横切る時、その減光の様子から、惑星の大気には水蒸気が含まれていることがわかりました。恒星の光が惑星の大気をかすめて地球に届くと、惑星の大気の成分を知ることができるのです。また、おとめ座にある惑星WASP-39bの大気からは、太陽系外惑星としては初めて二酸化炭素を検出することにも成功しました。

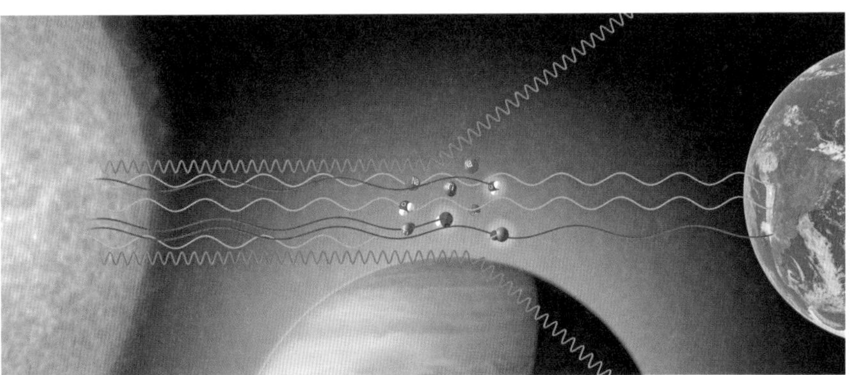

太陽系外惑星（中央下）の大気の組成を調べる方法のイメージ図。惑星の大気を通過して地球（右）に届いた恒星の光を分析することで、惑星の大気組成を調べることができる。（ESO/M. Kornmesser）

次世代の超大型地上望遠鏡に期待

さらに、現在建設が進められている複数の超大型地上望遠鏡では、太陽系外惑星を直接観測して生命探査を行うことを目標にしています。

そのうち、日本、アメリカ、中国、インド、カナダの5か国による国際共同で建設が進められているのがTMT（Thirty Meter Telescope）です。これは文字通り、口径30mの超巨大望遠鏡を作るもので、ハワイのマウナケア山の、すばる望遠鏡の隣の敷地に建設しようとしています。

TMT以外にも、ヨーロッパ南天天文台（ESO）のELTや、アメリカ・カーネギー天文台などが中心となっているGMTといった超巨大望遠鏡が、いずれも2020年代後半から2030年代初頭にかけて観測開始を目指しています。

TMTの完成予想図。（国立天文台）

天の川銀河の星の動きが教えること①

なぜ星は銀河から飛び出さない？

地球から天の川銀河を見ると

今度は天の川銀河の話をしましょう。天の川銀河は大きさ約10万光年で、私たちの住む太陽系や星座の星々、そして星の材料となる宇宙の雲（ガス）などが集まってできています。

太陽系は、天の川銀河の銀河円盤内の、天の川銀河の中心から約2万6000光年離れた場所にあります（26～27ページ）。そして地球から天の川銀河を見渡すと、銀河円盤内の星々が帯のように連なって見えます。これが夜空に見える天の川なのです。

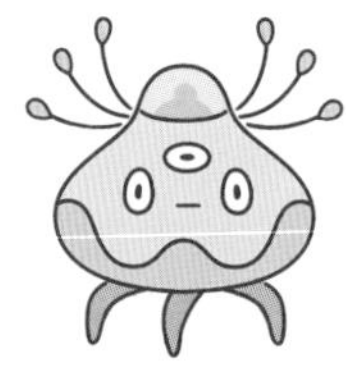

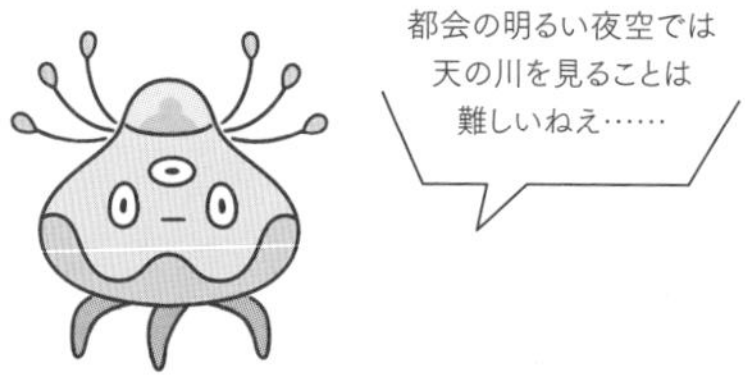

ハワイ島マウナケア山で撮影された天の川。天の川銀河を銀河円盤の内部から見たものが天の川である。（国立天文台）

天の川銀河の中での星の動き

天の川銀河は、全体としては同じ方向に回転しています。たとえば太陽の場合、天の川銀河の円盤の中を秒速約250kmで移動しています。計算すると、太陽は約2億年で天の川銀河を1周することになります。

太陽のまわりの星たちも、ほぼ同じ速度でほぼ同じ方向に動いていますが、まったく同じではありません。星が誕生時に持っていた動きや、近くを通る天体の重力によって、星の動きにばらつきがあります。

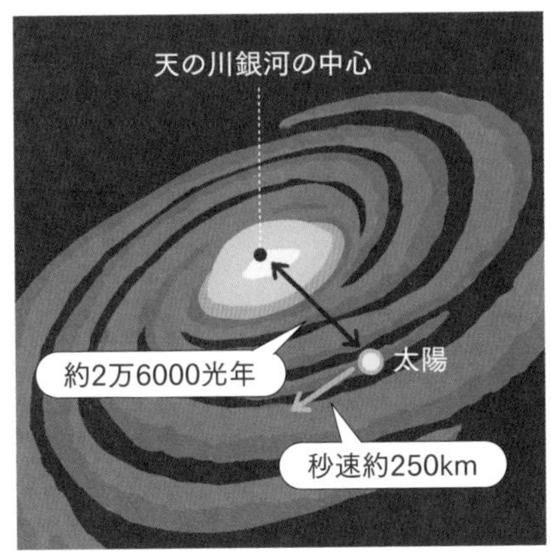

天の川銀河の中での太陽の動き。

目には見えず重力を働かせる謎の物質

星々が回転運動をすれば、遠心力によって星々は銀河の外に飛び出していき、やがて銀河はなくなってしまうのではないか、と思うかもしれません。しかしそうならないのは、銀河内の星々やガスが互いに重力で引きつけ合っているためです。

ところが、天の川銀河の外側の部分にある星々は、予想以上に速い速度で回転していることが以前から知られていました。星やガスは銀河の外側に行くほど少なくなるので、この速度では星が銀河からどんどん飛び出してしまうはずなのです。

これが意味することは、天の川銀河には目に見えない（光などの電磁波を出さない）けれど、重力を働かせる何かが大量に存在して、星を銀河内に引き留めているということです。この謎の物質をダークマター（暗黒物質）といいます。

ダークマターは他の銀河や、銀河の集団である銀河団の内部にも、やはり大量に存在することがわかっています。しかしその正体はいまだに不明です。

天の川銀河（の周囲）には正体不明の物質が大量に存在している。

天の川銀河の星の動きが教えること②

天の川銀河の歴史を探る

小さな銀河を飲み込んで成長してきた天の川銀河

天の川銀河がいつ誕生したのかについてはさまざまな説がありますが、今から100億年以上前のことだとされています。そして100億年を超える長い歴史の中で、天の川銀河は数多くの小さな銀河と衝突し、これらを飲み込みながら成長してきたと考えられています。

1994年に、いて座の方向に小さな銀河が見つかり、いて座矮小楕円体銀河と名づけられました。太陽系から約8万光年離れたところにあるこの小さな銀河は、これまで天の川銀河の円盤部分に何度もぶつかっては通り過ぎてきたとされています。銀河同士がぶつかるとガスが圧縮されて、多くの星が爆発的に生まれます。私たちの太陽も天の川銀河といて座矮小楕円体銀河の衝突によって誕生したのではないかと主張する研究者もいます。

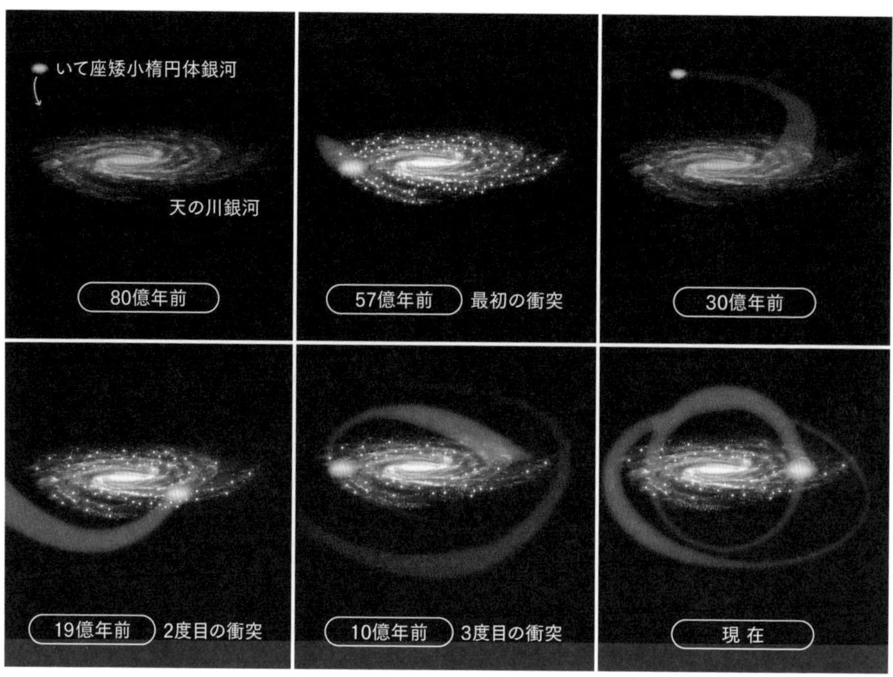

天の川銀河といて座矮小楕円体銀河の衝突の歴史の想像図。(ESA)

天の川銀河の正確な地図を作る宇宙望遠鏡ガイア

天の川銀河の歴史は、銀河内の星の位置と動きの精緻な観測によって解き明かされます。天の川銀河内の星々は銀河内をほぼ同じ方向に回転しながら移動しています。しかし、周囲の星々とは異なる動きをする星の集団があれば、それらはかつて天の川銀河に飲み込まれた小さな銀河に属していた星ではないかと考えられるのです。

ESAが2013年に打ち上げた宇宙望遠鏡ガイア（122ページ）は、最終的に20等級までの10億個以上の星について、その位置と明るさ、そして動きを調べ上げる予定です。

この画像は「写真」ではなく、ガイアが観測した星を1つ1つ小さな点でプロットして描いた天の川銀河と小さな銀河たちである。（ESA/Gaia/DPAC, CC BY-SA 3.0 IGO）

100億年前に天の川銀河と合体した「ソーセージ銀河」

2018年、ガイアの観測データをもとに、約100億年前に天の川銀河と合体した小さな銀河の存在が浮かび上がりました。天の川銀河の星たちが銀河円盤に沿って回転しているのに対して、天の川銀河に食べられた小さな銀河の星たちは、円盤を取り巻く周辺部に細長いソーセージのような形状で散らばって回転していました。さらにこの星たちは、含まれている元素の割合が周囲の星たちと少し違うこともわかりました。

「ガイア・ソーセージ」または「ガイア・エンケラドス」と呼ばれるこの銀河には、太陽100億個分の質量を持つ星とガスが含まれていたと考えられています。現在は数千億の星を持つ天の川銀河も、100億年前はもっと小さかったはずです。したがってガイア・ソーセージとの衝突・合体は、銀河を揺るがす大事件だったことでしょう。

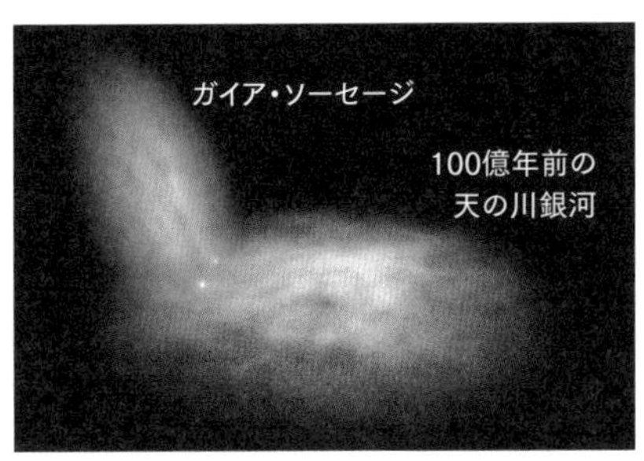

ガイア・ソーセージ銀河と若き天の川銀河の衝突を描いたイメージ図。（Gabriel Pérez Díaz, SMM（IAC））

重力波とは何か？

アインシュタインの「100年の宿題」

3章で重力波望遠鏡の話をしましたが、重力波のくわしい説明をしましょう。

アインシュタインが作った時空の物理学である一般相対性理論によると、物体はその周囲の空間（正確には時空）を曲げています。そして物体が運動すると、空間の曲がりが光の速さで波のように周囲に伝わっていきます。これが重力波です。

重力波がやって来ると、空間がわずかに伸び縮みします。しかしそれは、太陽と地球の間が水素原子1個分（1mmの1000万分の1程度）変化するだけにすぎません。

重力波の存在は、アインシュタイン自身が1916年に予言しました。しかし重力波はあまりにも微弱な波なので、100年にもわたって検出できなかったのです。ただし連星になっている中性子星を観測することで、激しく運動しながら互いに近づく中性子星が重力波を放出していることは間接的に確かめられていました。

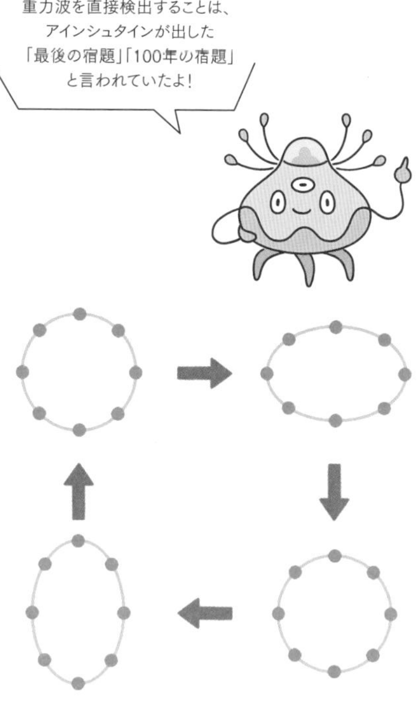

重力波がやってきて空間が伸び縮みすると、粒子が作る円は2つの方向に交互に変形する。

重力波望遠鏡のしくみ

重力波を観測する重力波望遠鏡は、下の図のように数kmの長さのパイプでできた腕がL字型に組まれた構造をしています。パイプの中にはレーザー光が通っていて、鏡までの距離を正確に測定できるようになっています。

左下から入射したレーザー光を中央のビームスプリッターで2つに分け、左と右奥の長いパイプに導きます。パイプの先の鏡に反射されて戻ってきたレーザー光は中央で合わさって、右手前の検出器に届きます。重力波がやって来てパイプの長さが変わると、検出器に入るレーザー光の強さが変わるので、重力波が検出できるのです。

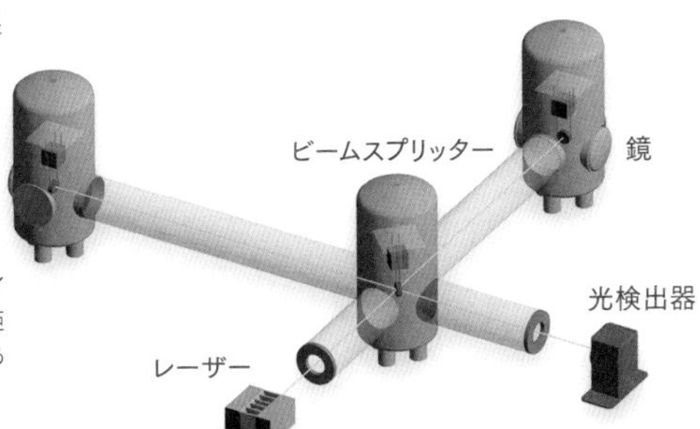

◎重力波望遠鏡の模式図

中央のL字(十字)の交点にも鏡があり、レーザー光をパイプの中で何百回も往復させることによってレーザー光の飛距離を伸ばし、わずかな長さの変化を計測できるようにしてある。(国立天文台)

Column

物体と時空の密接な関係

一般相対性理論によると、物体は周囲の空間(時空)を曲げます。しかし空間が曲がるとはどういう意味でしょうか。

3次元の空間を2次元の平面で表してみます。この平面は、薄いゴム膜のような伸び縮みするものになっています。

ゴム膜がピンと張られた状態が「まっすぐな空間」に相当します。このゴム膜の上にボールを載せると、ボールの重さでゴム膜はへこみます。これが「曲がった空間」であり、物体によって周囲の空間が曲がったことを表します。

その近くに別のボールを載せると、ゴム膜はさらにへこみ、2つのボールは近づいてくっつきます。このときのボールに働く力を私たちは重力と呼んでいます。重力とは空間の曲がりが引き起こすものであることを、アインシュタインは見抜いたのです。

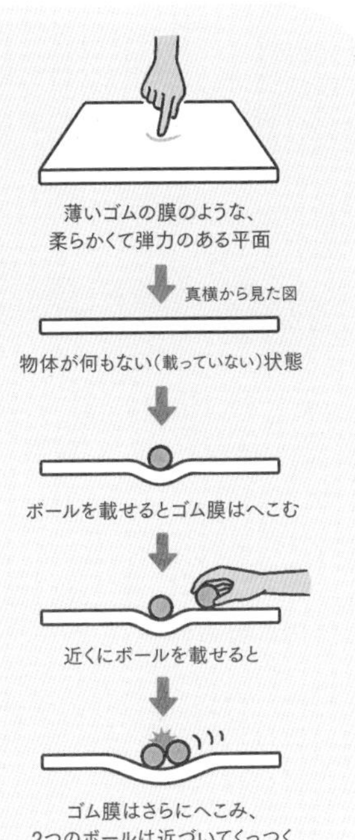

重力波が教えてくれること

初検出の重力波はどんな現象だったのか

重力波が初めて検出されたのは、2015年9月14日でした。その重力波は、地球から13億光年彼方の宇宙で、太陽の36倍と29倍の質量を持つ2つのブラックホールが衝突・合体した際に発生したものでした。

合体後には、太陽の62倍の質量のブラックホールができたと考えられています。36＋29＝65なので、太陽3個分の質量が失われています。

相対性理論の有名な公式「$E = mc^2$」は、質量（物質）をエネルギーに変えられることを表しています。失われた太陽3個分の質量は、重力波のエネルギーに変換されて、宇宙に放出されました。そのエネルギーは、観測可能な全宇宙の星が放つ光のエネルギーの10倍以上という、すさまじいものでした。そんな重力波が13億光年離れた地球にやって来て、重力波望遠鏡LIGOをわずかに伸び縮みさせたのです。

2つのブラックホールが近づきながら重力波を放出している様子のシミュレーション画像。最後にブラックホールが衝突・合体して、もっとも強い重力波が発生する。（The SXS (Simulating eXtreme Spacetimes) Project）

重力波天文学の誕生と発展

重力波の初検出後も、新たな重力波が次々と検出され、重力波で宇宙を観測する重力波天文学が一気に花開きました。重力波は他の物質にじゃまされず、何でも通り抜けるという性質を持ちます。そこで、ブラックホールが誕生する際に発生する重力波を観測して、電磁波ではわからなかったブラックホール誕生のメカニズムを明らかにすることなどが期待されます。

また、2つの中性子星が衝突・合体する際に放出される重力波も検出されました。この時には重力波だけでなく、さまざまな電磁波が爆発的に放出されることが理論的に予想されていましたが、実際にそうした現象を確認できました。

天体現象を電磁波や重力波などを使って多角的に調べる天文学を「マルチメッセンジャー天文学」といいます。中性子星同士の合体による重力波の観測は、マルチメッセンジャー天文学の本格的な幕開けを告げるものだといえます。

中性子星同士の合体によってさまざまな電磁波を爆発的に放つ「キロノヴァ」と呼ばれる現象のイメージ図。この時に金やプラチナ、ウランなど重い元素が合成されると考えられている。（ESO/L. Calçada/M. Kornmesser）

日本の重力波望遠鏡KAGRA

現在、世界にはアメリカのLIGO（2台）と、ヨーロッパのVIRGO（ヴァーゴ）、そして日本のKAGRA（かぐら）という重力波望遠鏡が運用されています。グローバルに展開された重力波望遠鏡が同時観測を行うことで、重力波の発生源が正確にわかるのです。

日本のKAGRAは岐阜県飛騨市の旧神岡鉱山内の、地下1000mの場所に建設されました。レーザーが通るパイプの長さは3kmにもなります。重力波は地球程度は簡単に貫通するので、重力波望遠鏡が地下にあっても問題ありません。むしろ、風や波、人間の活動による地面の震動が原因でノイズが発生することを抑えることができます。

KAGRAは2020年から観測を開始しましたが、まだ重力波を観測できていません。2023年5月から3年ぶりに観測を行い、重力波の初検出を目指しています。

KAGRAのアームトンネル。3kmにわたって直径80cmの真空ダクトが続いている。（東京大学宇宙線研究所附属重力波観測研究施設）

天文学者の仕事ってどんなもの？

天文学者というと「毎晩、望遠鏡で星を見ているのかな」とか「新しい星を探すのが仕事なのかな」などと、一般の方は思っているかもしれません。今から100年以上前の天文学者はそれに近いことをしていましたが、現代の天文学者の仕事は当時とはかなり違っています。

天文学者にもいろいろな種類がありますが、ここでは望遠鏡を使った研究の流れを紹介します。

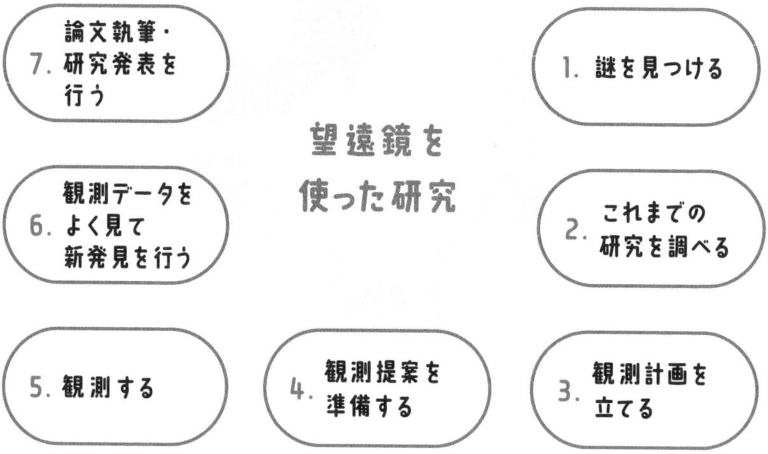

望遠鏡を使った研究

1. 謎を見つける
2. これまでの研究を調べる
3. 観測計画を立てる
4. 観測提案を準備する
5. 観測する
6. 観測データをよく見て新発見を行う
7. 論文執筆・研究発表を行う

1. 謎を見つける

最初に「謎を見つける」こと、これがとても大事です。宇宙にはさまざまな謎がありますが、自分はどの謎を解き明かしたいのかを、まず決めます。つまり「研究テーマを決める」ということです。所属する研究室のリーダー（教授）や共同研究者との議論を通じて、あるいは過去の研究を調べる中で、まだ解かれていない謎を探して見つけていきます。

2. これまでの研究を調べる

取り組む謎を決めたら、その謎に関してこれまでどんな研究がされてきたのかを調べます。これまでもたくさんの天文学者がその謎に関心を持ち、それなりに研究がされてきたことがほとんどです。そこで、これまでの研究論文を読んで、どこまでがすでに解き明かされていて、何がまだわかっていないのかを調べます。

3. 観測計画を立てる

まだわかっていない部分のうち、ここを研究しようと決まれば、観測計画を立てます。世界中には多くの望遠鏡があり、宇宙には無数の星や銀河があります。どの望遠鏡を使い、どの天体を観測すればその謎が解けるのかを考えて観測計画を立てます。

4. 観測提案を準備する

世界中の望遠鏡の多くは、年に1～2回、観測提案の募集をしています。そこで「私はこの謎を解きたいので、あなたのところの望遠鏡を使って、この星を何時間観測させてください」ということを書類にまとめて提出します。それに対して審査が行われて、この人に望遠鏡を使ってもらったら良い成果が出そうだな、と判断されたら望遠鏡を使うことができます。望遠鏡の観測時間には限りがあるので、ここは世界中の天文学者とのシビアな競争です。たとえばアルマ望遠鏡の場合、競争倍率は約4倍、つまり4つに1つの観測提案しか通りません。そこで、魅力的で実行可能な観測提案を準備する必要があります。

SUBMILLIMETER ARRAY
PROPOSAL FOR SCIENTIFIC OBSERVATIONS
Investigating the nature of the VeLLOs
Investigating the nature of the VeLLOs
Scientific Background
Proposed Observations and Target Selection

私（平松）が昔、ハワイのサブミリ波アレイという電波望遠鏡に対して提出した観測提案書。太陽よりずっと軽い星はどうやってできるのか、なぜ途中で成長をやめて軽い星になったのか、という謎を解き明かすため、ペルセウス座の赤ちゃん星を8つ観測したい、観測に必要な時間は3日間である、という内容。採択されて観測を行うことができた。（平松正顕）

5. 観測する

観測提案が採択されたら、いよいよ観測を行うことができます。といっても現代の天文学者は、現地へ行って自分で望遠鏡を覗いたりすることはほぼありません。専門のオペレーターがいて、観測提案者の要望に応じて観測を行い、インターネット経由で観測データを送ってきてくれる天文台もあります。またはオンラインで望遠鏡を自分で操作できる場合もあり、自分の研究室からノートパソコンを使って観測を行うこともあります。

ハワイのマウナケア山にあるサブミリ波アレイ。口径6mのパラボラアンテナ8台を結合して1つの電波望遠鏡として使用する。（J. Weintroub）

6. 観測データをよく見て新発見を行う

観測データが出てきたら、そのデータをよく見ます。きれいな天体画像が写っているわけではなく、どんな波長の電磁波がどんな強さで観測されたか、といった数値データが送られてきます。そのデータを、既存のソフトウェアを利用して解析するほか、ほとんどの天文学者は自分で解析プログラムを作って解析をします。さまざまなデータをさまざまな切り口から調べて、新たな発見を行うのです。

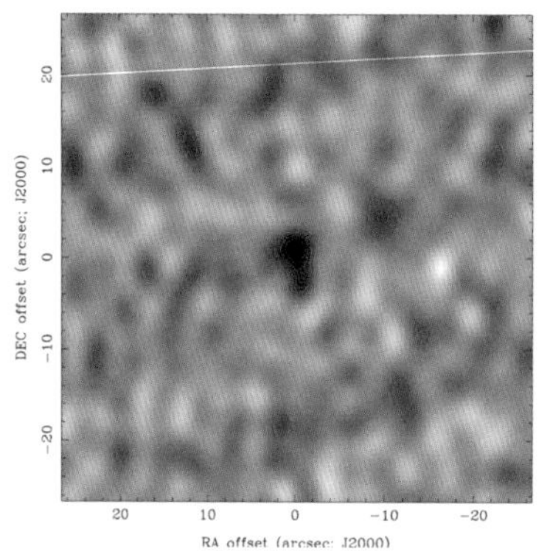

データ処理をして得られた画像。最初から画像が望遠鏡から送られてくるのではなく、自分でデータを処理して、そのデータが何を意味しているのか、どんな新発見があるのかを探しだし、可視化も自分で行う。(平松正顕)

7. 論文執筆・研究発表を行う

新発見をして1人で喜んでいては、プロの研究者ではありません。発見後に論文を書いたり、研究発表をしたりして、同じテーマに関心を持つ天文学者たちに「私はこんな発見をしました」と伝え、研究成果を共有するのです。

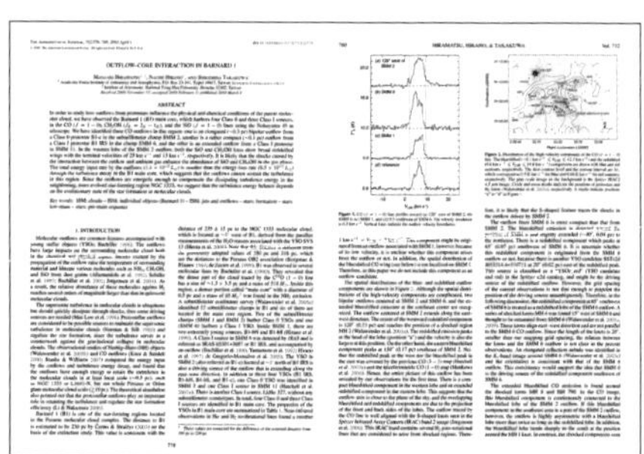

私が書いた研究論文。観測提案書も論文も全部英語で書くので、天文学者には(すべての科学者には)英語力は必須。(Hiramatsu et al. "Outflow - Core Interaction in Barnard 1" 2010, ApJ, 712, 778 ©AAS. Reproduced with permission)

私たちが目にする
天体画像の多くは、
望遠鏡を覗いたらすぐに
見えるものではなく、
天文学者がデータを
処理して得られた
ものだったんだね!

再び1〜7へ

新たな発見をしても、それで最初の謎が100%解けることはまずありません。そこで最初に戻り、次は何をしたらいいかと考えて、①から⑦のサイクルを再びぐるぐる回す、これが天文学者の仕事です。

場合によっては、サイクルを何度回しても、現在ある望遠鏡の能力ではその謎は解決できない、ということもあります。その場合は、新しい望遠鏡を作ろうと考えて、その検討を行う天文学者もいます。

5章

宇宙の始まりと終わりを研究する

私たちが住む宇宙には始まりがあった——こう聞いて信じられますか？ では宇宙が始まる前は、何があったのでしょうか？ 宇宙に終わりはあるのでしょうか？ 人間にとっての究極の謎に迫ります。

宇宙が膨張しているとはどういうこと？

すべての銀河が遠ざかっていく理由

遠い将来、超高速宇宙船が建造されて、天の川銀河を飛び出して数千万光年彼方の宇宙空間までやって来ることができたとしましょう。前にも話したように、銀河は宇宙の中で銀河群や銀河団といった群れを作っていますが、宇宙船の近くには銀河があまり見あたりません。1000個以上の銀河でできた巨大な銀河団であるおとめ座銀河団の銀河も、数千万光年先にあります。

この場所で宇宙船を停止して、望遠鏡ではるか遠くにある天の川銀河を振り返って観測してみます。すると驚いたことに、天の川銀河がどんどん遠ざかっていくのが見えるのです。宇宙船は止まっているのに、何とも不思議です。

それだけではありません。アンドロメダ銀河など局所銀河群の他の銀河も、おとめ座銀河団の銀河も、そして宇宙にあるすべての銀河が、みな猛スピードで自分から遠ざかっていくのです。これはいったい、何を意味しているのでしょうか。

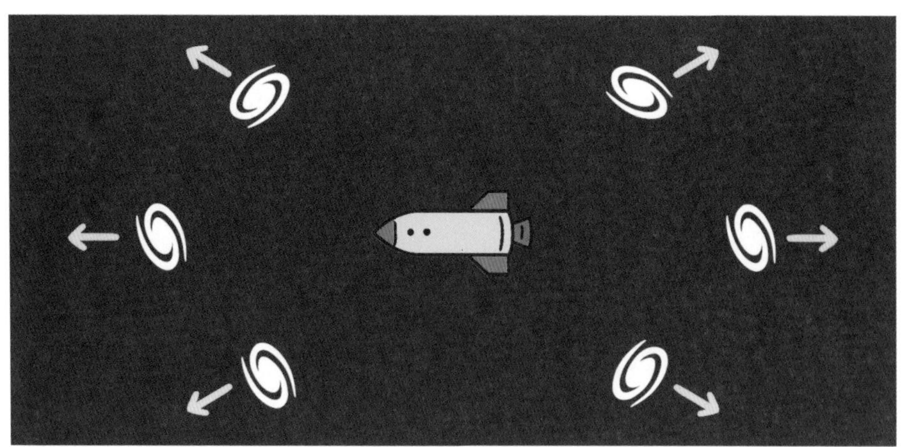

宇宙船からは、すべての銀河が自分から遠ざかっていくのが見える。

すべての銀河が自分から
遠ざかるだなんて、
まるで自分が「宇宙の中心」に
いるようにも思えるけど、
そういうことじゃないんだな！

銀河が存在する宇宙そのものが膨らんでいる

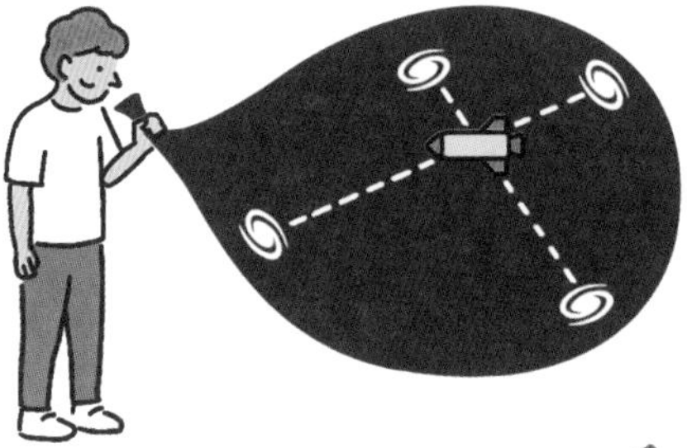

少し膨らませたゴム風船の上に宇宙船と銀河を描いたシールをいくつか貼る。

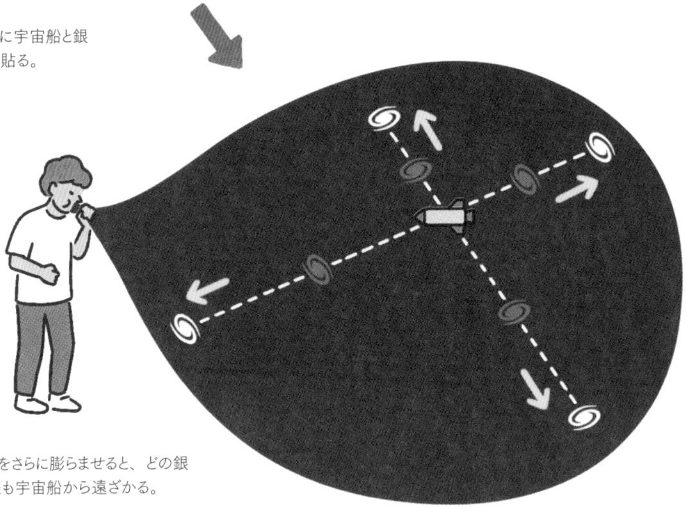

ゴム風船をさらに膨らませると、どの銀河の模様も宇宙船から遠ざかる。

少しだけ膨らませたゴム風船を用意します。表面に宇宙船を描いたシールを1つ貼り、周囲に銀河を描いたシールをいくつか貼ります。そしてゴム風船をさらに膨らませると、どの銀河の模様も宇宙船から遠ざかるはずです。

このことから「止まっている宇宙船から、すべての銀河が遠ざかるのが見える」ことの意味がわかります。これは、各銀河がそれぞれに動いて遠ざかっているのではなく、銀河が存在している宇宙そのものが膨らんでいることを表しているのです。そして実際に、私たちの宇宙は今この瞬間もどんどん膨張しています。

なお、銀河が遠ざかっている、あるいは近づいていることは、銀河からの光の色が変化している様子からわかります。これは太陽系外惑星をドップラー法によって見つけ出すものと同じしくみです。銀河が遠ざかる時、銀河の光はもとの色より赤みを帯びて見えるので、これを赤方偏移（赤いほうへ移るという意味）といいます。

宇宙の膨張を認めなかったアインシュタイン

宇宙空間は「押し返す力」を持つ？

宇宙が膨張していることは、アインシュタインが作った一般相対性理論と深い関係があります。一般相対性理論によれば、物体があるとその周囲の時空は曲がります。では、宇宙の中にある銀河などの物質は、その周囲の時空、つまり宇宙全体をどのように曲げるのでしょうか。

これをアインシュタイン自身が考察してみたところ、宇宙の大きさが変化して、最後にはつぶれてしまうという結論が導かれました。しかしアインシュタインは、宇宙は大きさを変えたりしないはずだと信じていたのです。これは当時、つまり20世紀初めの科学者全員の常識でした。

そこでアインシュタインは、宇宙がつぶれないのは、宇宙空間自体が斥力（押し返す力）を持つからだと考えました。宇宙の内部にある銀河などの物質の重力と、宇宙空間が持つ斥力とが釣りあうことで、宇宙は一定の大きさを保つのだと考えたのです。そして「宇宙は永遠不変の、静的な存在である」という理論を1917年に発表しました。これを「アインシュタインの宇宙モデル」といいます。従来の物理学の常識を破る相対性理論を打ち立てたアインシュタインも、宇宙の大きさは不変だという常識にとらわれていたのです。

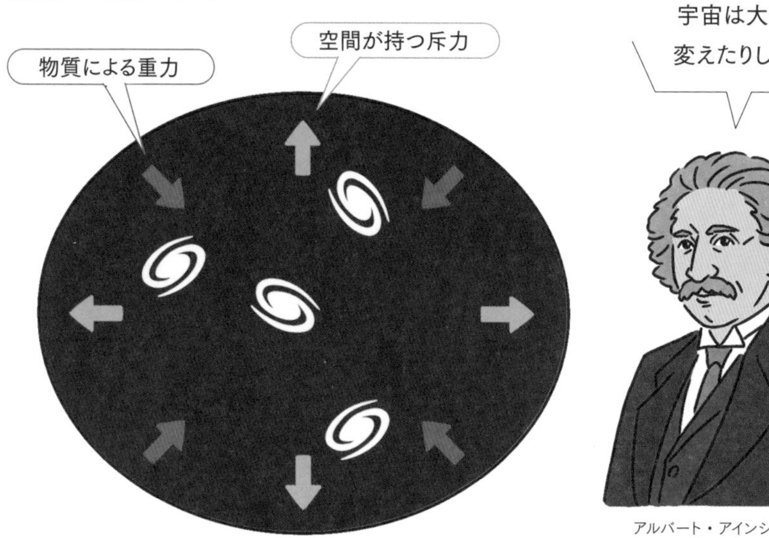

アルバート・アインシュタイン
（1879～1955）

宇宙膨張の証拠が見つかる！

一方、ベルギーの天文学者ルメートルは一般相対性理論をもとに「宇宙は膨張している」と主張しました。しかしアインシュタインは彼の説を認めませんでした。

ところが1929年、アメリカの天文学者ハッブルが遠くの銀河をいくつも観測して、「遠くの銀河ほど速い速度で遠ざかる」という規則性を見つけたのです。これをハッブル－ルメートルの法則といいます。風船の例で説明したように、銀河がすべて遠ざかって見えること、銀河の後退速度は銀河までの距離に比例することは、宇宙が膨張していることの確かな証拠です。

ハッブルの発表を聞いて、アインシュタインは自説を取り下げ、宇宙が膨張していることをついに認めたのです。

ジョルジュ・ルメートル
（1894～1966）

エドウィン・ハッブル
（1889～1953）

Column

なぜ宇宙の膨張に気づかない？

宇宙が膨張すれば、宇宙の中にある物体同士の間の距離は遠くなるはずです。しかし、地球と太陽の間の距離は、宇宙の膨張によって遠くなりません。それは、地球が太陽の重力で強く引かれているためです。また、銀河内の恒星同士の距離も、互いの重力によって引き合う力のほうが強いので、宇宙の膨張による影響を受けません。

宇宙の膨張によって互いに遠くなるのは、ある銀河団と別の銀河団のように、とても離れた天体の間です。数千万光年というスケールで宇宙を見なければ宇宙の膨張は認識できないので、私たちは宇宙の膨張になかなか気づかないのです。

宇宙138億年の歴史を知ろう

かつての宇宙は原子より小さかった！

現在の宇宙が膨張しているということは、昔の宇宙は今よりも小さかったことになります。

現代の天文学では、宇宙は今から約138億年前に、原子よりも小さな超ミクロの存在として生まれてきたと考えられています。そして生まれたとたんにインフレーションという急膨張をして、宇宙は目に見える大きさになりました。急膨張が終わると、膨張のエネルギーが熱のエネルギーに変わることで、宇宙全体が超高温に加熱されました。これをビッグバンといいます。

その後も宇宙は膨張を続けながら、内部に星や銀河が生まれていきました。こうして約138億年かけて、現在の広大で冷たい宇宙ができあがったのです。

168ページ以降で、宇宙の誕生と初期の宇宙についてさらにくわしく紹介します。

④ 宇宙誕生から約37万年後、原子が誕生した頃の宇宙
（宇宙の晴れ上がり）

③ ビッグバン
（超高温に加熱）

② インフレーション
（宇宙の急膨張）

① 宇宙の誕生
（超ミクロの存在）

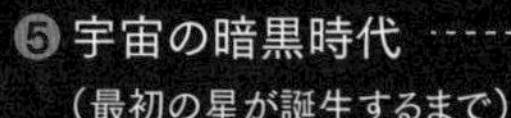

⑤ 宇宙の暗黒時代
（最初の星が誕生するまで）

⑥ 宇宙誕生から約2億年後、最初の星が誕生

⑦ 宇宙の再電離

138億年前

宇宙の歴史を「絵巻」のように1枚絵で表した図。左端が138億年前の宇宙の誕生で、右端が現在の宇宙を表す。縦方向は宇宙の大きさを示している。実際には、宇宙の晴れ上がりの時代から現在までに、宇宙の大きさはおよそ1000倍になっている。（NASA/WMAP Science Team）

⑧ 宇宙が再び急膨張を始める
（ダークエネルギーのため？）

天文衛星
WMAP
（169ページ）

宇宙の膨張（約138億年）

現在

小さな火の玉として生まれた宇宙

宇宙を過去にさかのぼると

現在の宇宙が膨張しているということは、昔の宇宙は今よりも小さく、現在の宇宙にあるすべての星や銀河はその小さな宇宙に押し込められていたことを意味します。一般に物質は、狭い場所に押し込められると、温度が上がります。過去の宇宙でも同じであり、過去にさかのぼるほど、宇宙は温度が高くなるのです。

そして最終的には、宇宙は限りなく小さくなり、宇宙の全物質・全エネルギーがその中に押し込められて、温度や密度が限りなく高くなります。宇宙の膨張速度などのさまざまな観測データから、宇宙がほぼ1点にまで小さくなるのは、今から約138億年前のことだったと考えられています。

つまり宇宙は今から約138億年前に、超高温・超高密度の小さな火の玉として生まれたのです。これをビッグバン宇宙論といいます。ビッグバンとは「大爆発」という意味です。

ビッグバン宇宙論を唱えたのは、アメリカの物理学者ガモフでした。彼の説に反対する科学者が「そんなのはドッカーン(＝ビッグバン)理論だ」とからかって呼んだものをガモフが気に入って、そのまま本当の名前になったといわれています。

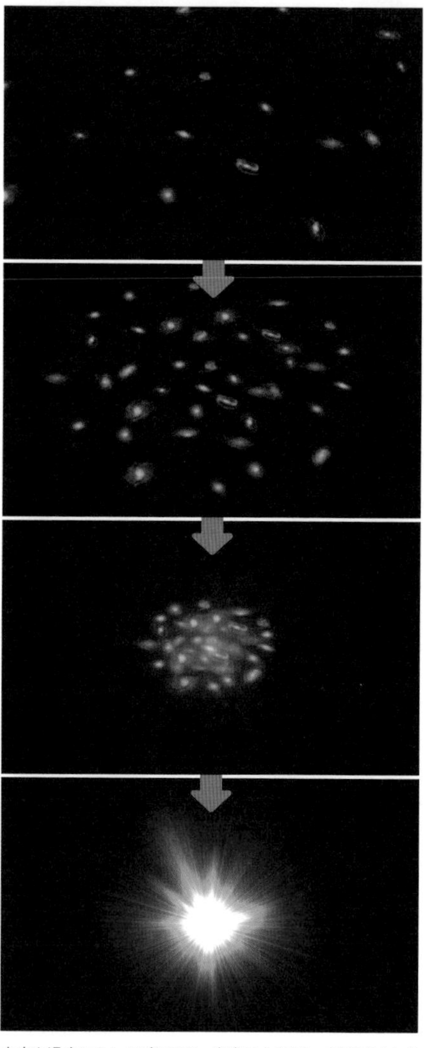

宇宙を過去にさかのぼるほど、宇宙は小さくなって銀河同士が密集し、最終的に1点に集まることを表したイメージ図。(NASA/STScI/G. Bacon)

宇宙に満ちる電波がビッグバンの証拠

過去の宇宙が超高温であったことを示す電波が、現在の宇宙に満ちています。それは宇宙マイクロ波背景放射と呼ばれます。

宇宙が生まれて約37万年たった時、宇宙は現在の約1000分の1の大きさで、温度は絶対温度3000度くらいでした。絶対温度0度とは理論上もっとも低い温度のことで、約マイナス273℃に相当します。絶対温度3000度の小さな宇宙は、宇宙全体が光を放って輝いていました。

その後、宇宙が約1000倍に膨張したので、光の波長も1000倍に引き伸ばされて、現在の宇宙に電波(の一種であるマイクロ波)として残りました。これが宇宙マイクロ波背景放射であり、昔の宇宙が熱かったことを示す証拠となっています。

アメリカが2001年に打ち上げた天文衛星「WMAP(ダブルマップ)」が観測した、宇宙全体からやって来る宇宙マイクロ波背景放射を色づけして表した画像。赤い部分は電波がわずかに強い部分を、青い部分はわずかに弱い部分を表す。電波の強弱は、生まれて約37万年後の宇宙のわずかな温度や密度の差を表している。2009年にヨーロッパが打ち上げた天文衛星「プランク」は、宇宙マイクロ波背景放射をさらに精密に観測した。(NASA/WMAP Science Team)

生まれたとたんに急膨張した宇宙

では、なぜ宇宙は超高温・超高密度の火の玉として生まれたのでしょうか。それは、超ミクロの存在として生まれた宇宙が、次の瞬間に倍々ゲームのように急膨張(インフレーション)したためだ、と考えるのがインフレーション理論です。

インフレーションによって、超ミクロの存在として生まれた宇宙は、一瞬にして目に見えるマクロのサイズになったといいます。そして急膨張が終わると、膨張のエネルギーが熱のエネルギーに変わって、宇宙は超高温に加熱されました。これがビッグバンだというのです。

インフレーションを引き起こしたものは、空間そのものが持つ未知のエネルギーではないかと考えられていますが、その正体はよくわかっていません。

原子が作られ、最初の星が生まれる

高温の宇宙の中で原子が生まれる

インフレーションが終わり、超高温の火の玉になった小さな宇宙の中では、すべての物質が溶けて光のスープのようになっていました。その後、宇宙はゆるやかな膨張を続けて、少しずつ温度を下げていき、物質の材料となる陽子や中性子などの微粒子が作られていったと考えられています。

宇宙が誕生して1万分の1秒後には、陽子や中性子が作られました。3分後までには、陽子や中性子が結合してヘリウムなどの軽い元素の原子核が作られます。この時の宇宙の温度は100億度から1000万度くらいです。

さらに時間が経って約37万年後、宇宙の温度は絶対温度3000度程度に下がりました。すると電子が原子核に引きつけられて、原子をつくりました。

この結果、それまで宇宙空間を飛び回る電子にじゃまされていた光がまっすぐに進めるようになります。これは雲に覆われていた空が晴れて、太陽の光が地上に降り注ぐようになった状態と同じようなものなので、「宇宙の晴れ上がり」といいます。この直進できるようになった光が、宇宙マイクロ波背景放射のもとになった光なのです。

1万分の1秒後

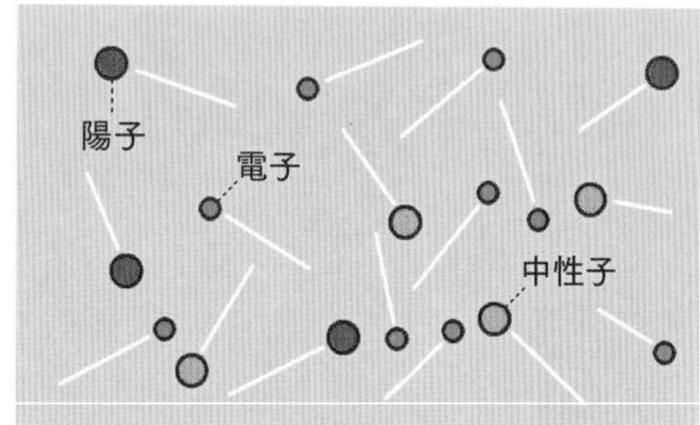

陽子や中性子がつくられた。当時の宇宙の温度は1兆度以上だった。

3分後

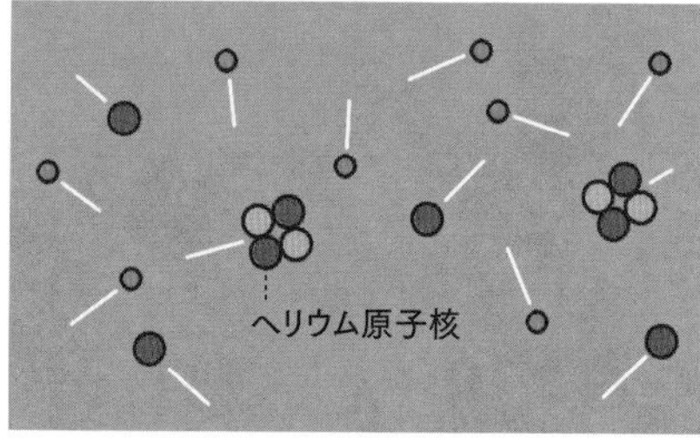

ヘリウム原子核など軽い元素の原子核がつくられた。宇宙の温度は100億度から1000万度くらい。

37万年後

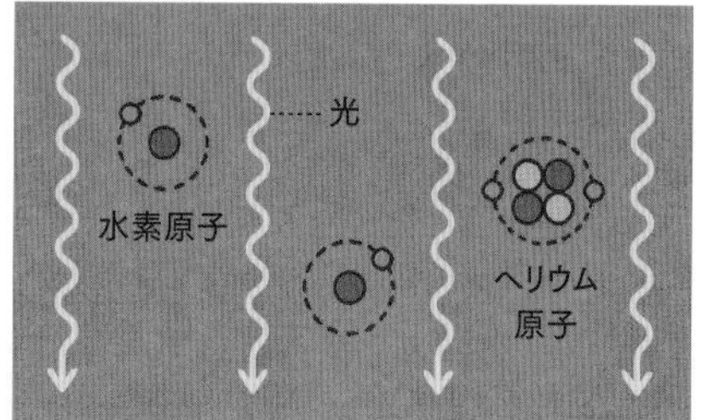

陽子（水素の原子核）やヘリウム原子核と電子が結びついて原子をつくり、光が直進できるようになった。

最初の星が生まれたのはいつ?

その後の宇宙の中で、水素を主成分とした薄いガスが重力によって集まり、次第に密度と温度を上げていきます。温度が1000万度くらいになると核融合反応が起こり、星(恒星)が誕生します。

宇宙の中で最初に生まれた第1世代の星を初代星(ファーストスター)といいます。その誕生は、宇宙ができて2億年後くらいではないかと考えられています。

初代星の誕生を含めて、宇宙の初期に起こった出来事(宇宙の再電離など)は、まだわかっていない点が多くあります。そこで最新鋭の望遠鏡を使って最遠方の天体、つまりもっとも古い時代に生まれた天体を探し出して観測することで、天文学者たちはその謎に迫ろうとしているのです。

非常に重い初代星が超新星爆発を起こす様子の想像図。初代星は非常に重くて寿命が短いものも多く、直接の観測が難しいと考えられている。そこで初代星の超新星爆発の痕跡などを探す研究も進んでいる。2023年6月、中国と日本の共同研究によって、非常に重い初代星が作り出した元素を取り込んで生まれた「第2世代」の星が見つかった。(中国国家天文台)

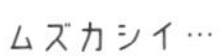

Column

宇宙の本当の始まりは?

宇宙がどのように生まれたのかは、現代の天文学でもよくわかっていません。インフレーション理論によると、宇宙は「生まれたとたんに急膨張した」といいますが、そもそも宇宙がどのように生まれたのかは説明できません。

宇宙の始まりについては、いくつかの仮説が唱えられています。その1つは「宇宙は物質も時間も空間もない『無』の状態から生まれた」という仮説で、「無からの宇宙創成論」といいます。また、「宇宙は、実際には存在しない『虚数の時間』の中で生まれた」という仮説もあります。これはイギリスの宇宙物理学者ホーキングが唱えたもので、「無境界仮説」と呼ばれています。

2つの「ダーク」が支配する宇宙

宇宙の95%は正体不明だった

星や銀河、星間ガス、そして生物の体などは各種の元素（原子）でできています。原子のおもな成分である陽子や中性子のことをバリオンと総称します。

ところが、宇宙をつくるすべての要素の中で、バリオンが占める割合は約5%しかないことがさまざまな観測結果からわかっています。私たちにとって身近な「普通の物質」は、宇宙の構成要素のわずか5%にすぎないのです。

残り約95%のうち、約27%は「目には見えない（電磁波を出さない）が、周囲に重力をおよぼす物質」であるダークマター（151ページ）です。ダークマターは銀河の周辺部や銀河団の内部に、目に見えている物質の10倍以上の量が存在すると考えられています。

そして残りの約68%は、重力とは逆の斥力をおよぼす謎のエネルギーだと考えられていて、その名をダークエネルギー（暗黒エネルギー）といいます。ダークエネルギーは宇宙全体に満ちていると考えられていますが、その正体はまったく不明です。

私たちの宇宙の95%が、正体不明の「ダーク」なものに占められているなんて、ショックかもしれません。ダークマターとダークエネルギーの正体を突き止めることは、現代天文学の、そして現代科学の最大のテーマの1つだといえます。

◎宇宙の構成要素の割合
（エネルギーに換算して比較したもの）

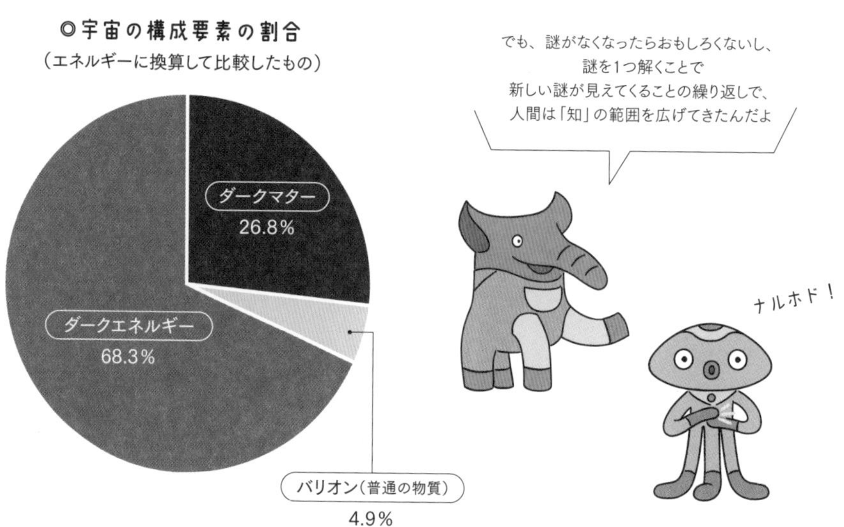

ダークマターの分布を探る

ダークマターは光(電磁波)を放たないので、普通の望遠鏡では観測できません。しかしダークマターは重力を働かせるので、近くを通る光は進路が曲がります。その曲がり具合を観測すれば、ダークマターの量や分布を知ることが可能です。

日本、台湾、アメリカの研究者からなる国際共同研究チームは、すばる望遠鏡を使って遠方の銀河を多数観測し、ダークマターの分布を広域探査するプロジェクト(HSC-SSP)を実施しています。遠方の銀河からの光が途中にあるダークマターによって曲げられて銀河の像がゆがむ様子から、ダークマターの分布を調べるのです。

宇宙全体の構造や成り立ちを探る天文学の一分野を宇宙論といいます。ダークマターの分布の広域探査は、宇宙論の発展に大きく貢献することが期待されています。

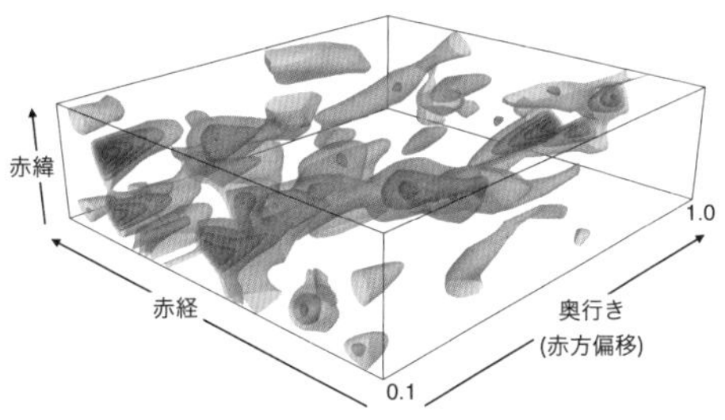

HSC-SSPで得られたダークマターの3次元分布の例。これは最初の1年間のデータによって得られた分布図だが、その約3倍の広さの天域が調査された。(東京大学/国立天文台)

Column ダークマターを捕まえろ!

謎に包まれているダークマターの正体は、最先端の素粒子物理学が存在を予言している未発見の素粒子ではないかという見方が有力です。その未知の粒子を捕まえようという実験装置「X-MASS(エックスマス)」が、岐阜県の神岡宇宙素粒子研究施設の中に設置され、2019年まで観測を行っていました。

水を張った巨大なタンクの中に検出器が沈められていて、検出器の中にはマイナス100℃の液体キセノンという物質が詰められています。宇宙からダークマターの正体である素粒子がやって来て液体キセノンと衝突すると、液体キセノンが光を放つことがあるので、その光を検出してダークマターを「捕まえる」というしくみです。

X-MASSの検出器。(東京大学宇宙線研究所 神岡宇宙素粒子研究施設)

宇宙の膨張スピードが加速していた！

宇宙を加速膨張させる謎のエネルギー

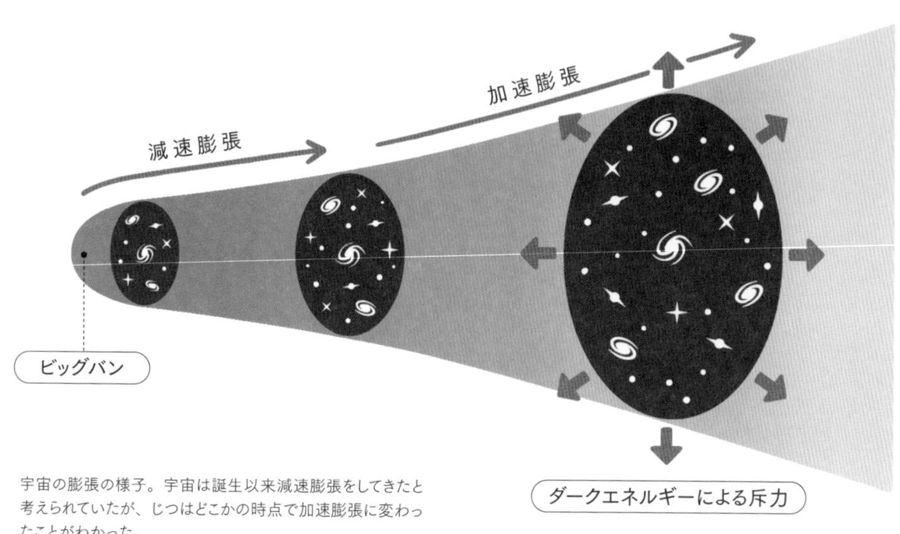

宇宙の膨張の様子。宇宙は誕生以来減速膨張をしてきたと考えられていたが、じつはどこかの時点で加速膨張に変わったことがわかった。

宇宙の構成要素の約68％を占めるダークエネルギーの存在が明らかになったのは、わずか25年前、1998年のことです。アメリカとオーストラリアの2つの研究チームが、遠方の銀河を観測して過去の宇宙膨張の速さを調べました。すると、宇宙膨張のスピードがだんだん速くなる「加速膨張」をしていることがわかったのです。

従来の理論では、宇宙の内部にある物質の重力によって、膨張スピードが次第に遅くなる「減速膨張」をしていると考えられていました。宇宙が加速膨張をするというのは、リンゴを上に投げると、普通はリンゴが落ちてくるはずなのに、スピードを増してどんどん上昇している状態と同じです。ありえないことが宇宙に起こっていて、その原因とされるのが重力とは逆の斥力を働かせるダークエネルギーなのです。

遠くの銀河が遠ざかる速度を調べると、過去の宇宙の膨張速度がわかるよ。「遠くの宇宙を見ることは、過去の宇宙を見ること」なんだ！

ダークエネルギーの正体を絞り込む

ダークエネルギーはダークマター以上に謎めいた存在です。天文学者たちはその正体に迫るために、超遠方の銀河がどのくらいの速度で遠ざかっているかを観測して、ダークエネルギーが時間とともにどう変化しているのかを調べています。それによってダークエネルギーの性質を明らかにして、その正体を絞り込んでいこうというもくろみです。

日本ではすばる望遠鏡を使った「すみれ(SuMIRe)プロジェクト」で、超遠方の銀河の大規模な観測を進めています。またヨーロッパの「ユークリッド宇宙望遠鏡」(2023年7月に打ち上げ成功)やアメリカの「ナンシー・グレース・ローマン宇宙望遠鏡」(2020年代半ばの打ち上げ予定)も、同じく超遠方の銀河の観測によってダークエネルギーの正体を解き明かそうとしています。

ダークエネルギーやダークマターの謎が解けた時、私たちは宇宙の真の姿をさらに深く理解できるようになるでしょう。

ユークリッド宇宙望遠鏡(イメージ図)。(ESA/ATG medialab (spacecraft); NASA, ESA, CXC, C. Ma, H. Ebeling and E. Barrett (University of Hawaii/IfA), et al. and STScI (background))

ナンシー・グレース・ローマン宇宙望遠鏡(イメージ図)。(NASA)

宇宙は無数に存在する!?

私たちの宇宙は薄膜のようなもの？

宇宙の加速膨張が発見されたのと同じ1990年代後半には、従来の宇宙観をくつがえす新しい宇宙観に基づく宇宙の始まりが議論されるようになりました。それは、私たちの宇宙の「外」に、高次元の空間が広がっているという仮説です。これをブレーン宇宙モデル（または膜宇宙モデル）といいます。

私たちの宇宙は、縦・横・高さの3つの方向を持つ3次元の空間になっています。しかしブレーン宇宙モデルでは、私たちの宇宙全体は3次元空間の内部に閉じ込められたような状態にあって、その「外」には10次元空間が広がっていると考えます。私たちには認識できない空間の次元が7つもあるというのです。10次元空間から見ると、私たちの宇宙は薄膜（英語でメンブレーン）のような存在なので、ブレーン宇宙モデルと呼ばれるようになりました。

私たちは3次元空間に閉じ込められているといいましたが、例外が1つだけあります。それは重力です。重力は高次元空間にも伝わるという説もあります。この性質を利用して、高次元空間の存在を確かめようとする研究が進められています。

私たちの体や、星や銀河、そして宇宙を作るあらゆる物質は、すべて3次元空間の内部に閉じ込められていて、その外に広がる10次元空間に出ていくことはできない。ただし重力だけは、高次元空間にも伝わることが可能と考えられている。

私たちの宇宙以外にも別の宇宙がある？

10次元空間なるものを想像するのは困難ですが、むりやり絵に描くなら、下の図のようなものになります。私たちに認識できない次元が小さく丸まって絡みついた不思議な高次元空間（カラビ・ヤウ多様体といいます）からスロート（喉の意味）というものが伸びて、私たちの宇宙（膜宇宙）と接しています。

さらに高次元空間からは何本ものスロートが伸びて、別の膜宇宙と接しています。つまり、私たちが住む宇宙以外にも、別の宇宙がたくさん存在するのです。

◎カラビ・ヤウ多様体のイメージ

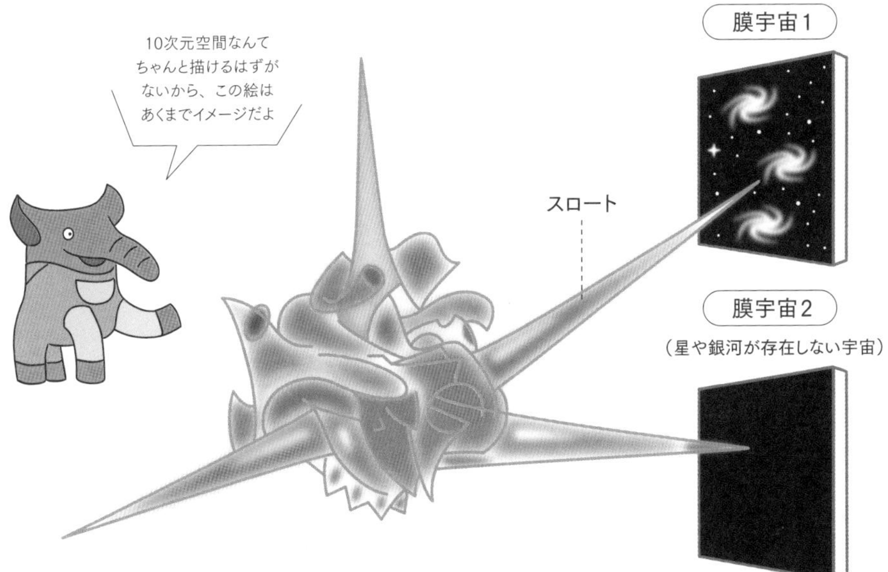

ユニバースではなくマルチバース？

英語で宇宙のことをユニバースといいますが、ユニは「1つの」という意味です。宇宙がたくさんあるのなら、ユニではなくなるので、たくさんの宇宙を意味するマルチバースという言葉が生まれました。マルチバースは全部で10の200乗個、あるいは10の500乗個という途方もない数があると主張する研究者もいます。

この宇宙とは別の宇宙が無数に存在するなんて、SFのようであり、まともな科学理論には思えないかもしれません。ですが科学者たちは真剣に、マルチバースが存在する可能性について議論していて、多くの論文が発表されています。

宇宙は何度も生まれ変わる!?

2つの膜宇宙の衝突がビッグバン？

ブレーン宇宙モデルを使って宇宙の誕生を説明する新しい仮説を作ろうという研究も行われています。その1つが「宇宙は何度もビッグバンを繰り返して、生まれ変わっている」という仮説です。これは「エキピロティック宇宙モデル」と呼ばれています。エキピロティックとはギリシャ語の「大火」が語源です。

この仮説によると、同じスロートに複数の膜宇宙が接している場合に、膜宇宙同士が近づいて衝突すると、それがビッグバンになるといいます。衝突した膜宇宙同士は遠ざかりながら膨張し、宇宙は次第に冷えていきます。そして再び近づき、再度衝突してビッグバンが起こるのです。つまり、宇宙は何度もビッグバンを起こして生まれ変わることになります。

また、膜宇宙と「反膜宇宙」がぶつかっ

◎エキピロティック宇宙モデルに基づく宇宙の歴史

2つの膜宇宙が接近、衝突、はね返り、膨張を繰り返しているという。

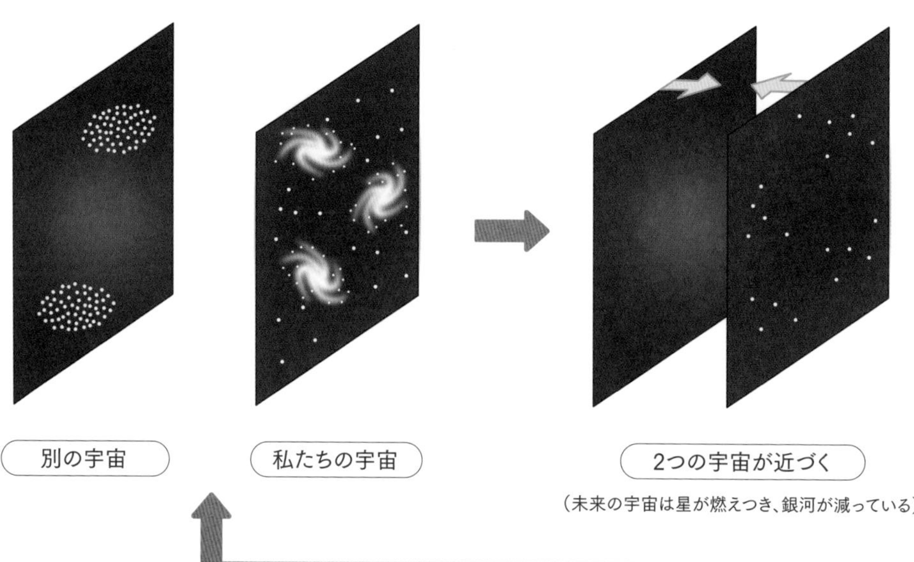

て両者が消滅し、その時に生じるエネルギーが別の膜宇宙に伝わって、インフレーションをもたらすという仮説もあります。

他にも、私たちに認識できない次元に重力が漏れ出していることが、宇宙の加速膨張を生んでいるという仮説もあります。この仮説によると、ダークエネルギーが存在しなくても現在の宇宙膨張が加速していることが説明できるといいます。

ブレーン宇宙モデルや、そこから派生した仮説は、どれもみな不完全で、宇宙の観測を通して証明することも難しいものです。しかし研究が進むことで、私たちは将来、より深い真理にたどりつくことができるでしょう。

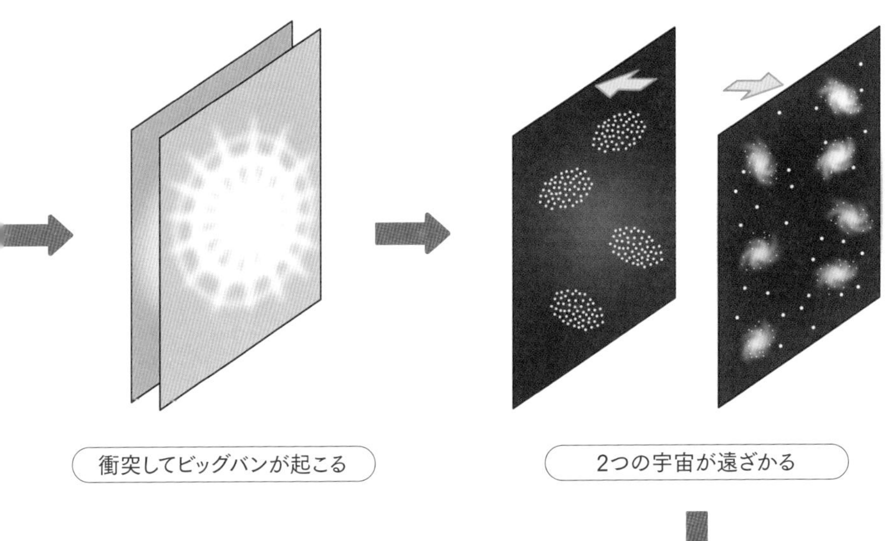

宇宙の未来はどうなる？

宇宙は永遠に膨張して冷えていく？

先ほどの「何度も生まれ変わる宇宙」という話は、ブレーン宇宙モデルという仮説の上に立てた仮説のような、少し特殊な宇宙の未来像です。それとは別の、通常のビッグバン宇宙論に基づいた未来の宇宙の姿を、本書の最後に紹介します。

宇宙の未来は、現在の宇宙で起こっている加速膨張が、将来どうなるかによって変わります。第1のシナリオは、宇宙は現在の「ゆるやかな加速膨張」をこのまま続けていく、というものです。

この場合、近くの銀河同士は合体して巨大な銀河になる一方、遠くの銀河同士は宇宙の膨張によってお互いに遠ざかっていきます。1000億年以上先の未来には、広大な宇宙の中に、巨大な銀河だけがぽつんぽつんと存在するようになります。

さらに遠い未来（100兆年後くらい）には、すべての星が燃えつきます。新たな星が生まれることもなくなり、宇宙は温度も密度も極限まで低下して「熱的な死」と呼ばれる状態になります。宇宙の中では新たな反応が起こらなくなり、冷たく真っ暗で何もない空間が広がっています。こうした宇宙の最後をビッグフリーズ（またはビッグチル）と呼んでいます。

宇宙は1点につぶれてしまう？

第2のシナリオは、宇宙の膨張が将来止まり、逆に収縮に転じるというものです。

宇宙が収縮を始めると、銀河同士の距離はそれまでとは逆にどんどん近づき、互いに合体して巨大な銀河ができていきます。また宇宙の温度が上昇していき、星は蒸発してガスになり、残るのは銀河中心部の超巨大ブラックホールだけになります。

そして最後には、超巨大ブラックホール同士が合体して、宇宙は1点につぶれてしまいます。宇宙全体がブラックホールのようになるのです。これをビッグクランチといいます。ミクロの1点からビッグバンで始まった宇宙は、最後にミクロの1点に戻るビッグクランチで終わるのです。

宇宙が引き裂かれてバラバラになる？

第3のシナリオは、宇宙の膨張速度が急激に速くなる場合のものです。この場合、銀河は宇宙膨張によって引き裂かれてバラバラになり、星々も引き裂かれます。それだけではなく、物質を構成する原子も引き裂かれてしまいます。あらゆる物質が引き裂かれて、宇宙は破滅的な終わりを迎えます。これをビッグリップといいます。

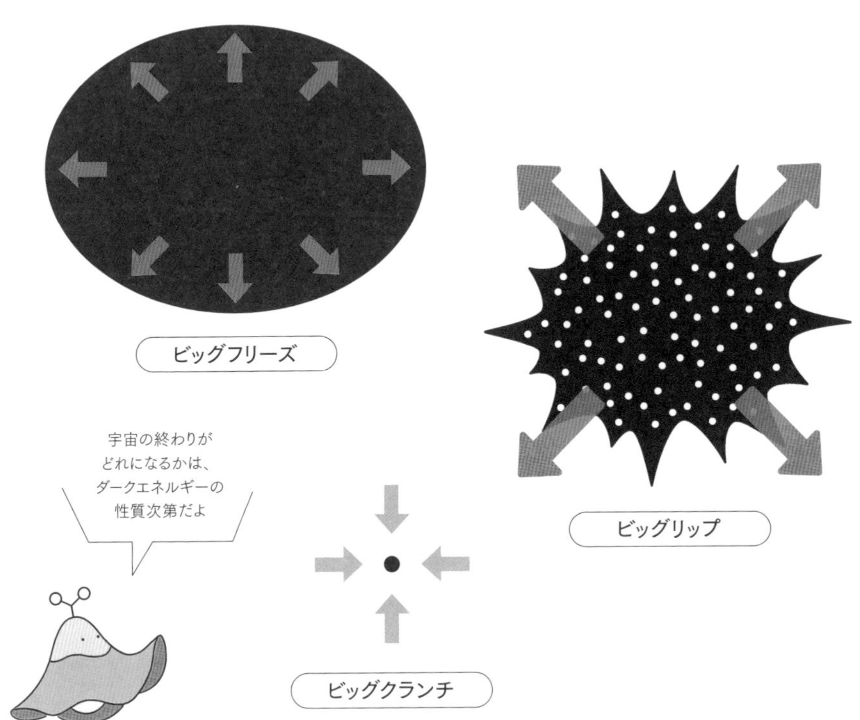

3つのシナリオのどれになるか、その鍵を握るのがダークエネルギーです。ダークエネルギーがそれほど強くない場合、宇宙は永遠に膨張を続けて冷えて暗くなります(ビッグフリーズ)。ダークエネルギーが現在よりも弱くなれば、宇宙は収縮に転じて最終的に1点につぶれます(ビッグクランチ)。ダークエネルギーが今よりも急激に強くなれば、すべての物質が引き裂かれる破滅的な最後を迎えます(ビッグリップ)。

現在の観測データからは、宇宙がビッグクランチで終わる可能性はほとんどなく、ビッグフリーズかビッグリップのどちらかで終わる可能性が高いと考えられています。また、もしビッグリップを迎えるとしても、それは1000億年以上先の話です。私たちはとりあえず、宇宙の終わりを心配する必要はなさそうです。

【巻末特集】もっと宇宙に親しもう！①

ロケットの打ち上げを見に行こう！

世界一美しいロケット射場

種子島宇宙センターの大型ロケット発射場。左の白い建物が大型ロケット組立棟。中央がH3ロケットを打ち上げる第2射点（映っているのはH-IIBロケット）、右がH-IIAロケットを打ち上げる第1射点。（JAXA）

ロケットの打ち上げを現場で見ると、人生観が変わるほどの感動を体験できるといいます。日本最大のロケット射場である種子島宇宙センターを紹介しましょう。

種子島宇宙センターは、鹿児島の南、種子島東南端の海岸線に面した場所にあります。総面積約970万㎡にもおよぶ日本最大のロケット射場であり、海岸線と緑の芝生の美しさなどから「世界一美しい射場」ともいわれています。

センター内には、大型ロケット発射場、衛星組立棟、衛星フェアリング組立棟などの設備があり、衛星の最終チェックからロケットへの搭載、ロケットの組み立て・整備・点検・打ち上げ、打ち上げ後のロケットの追跡まで一連の作業を行っています。

ロケット打ち上げ当日は、センター全域と、射点を中心とした半径3km以内が立ち入り禁止となります。打ち上げを見たい人は、南種子町が管理している指定見学場（カウントダウンの音声が流れる）から見ることができます。

打ち上げの3つの醍醐味

ロケットの打ち上げでは、まずロケットの大きさに圧倒されます。見学場所は射点から3km以上離れていますが、それでもロケットの威容は十分に感じられます。

そしてなんといっても、打ち上げの際にロケットが放つ閃光とすさまじい轟音！　さらに空気や地面の振動も伝わってきます。打ち上げの様子はインターネットでも中継されるので、自宅にいても見ることができますが、体をびりびりと震わせる音や振動は現地でしか味わえません。

また、見学場に詰めかけた関係者、地元の方、観光客など計数百人が、無事の発射をみんなで祈り、打ち上げ成功をみんなで喜ぶ、その一体感やお祭り感も大きな感動となります。

見学時の注意点としては、ロケットの打ち上げ予定日は天候などによりすぐに変わってしまうので、旅行の日程にはできるだけ余裕を持たせておくことです。また、見学はかならず指定見学場から行い、私有地に立ち入らないようにするなど、地元の方や打ち上げ関係者に迷惑がかからないように十分気をつけてください。

（左）長谷公園、（右）宇宙ヶ丘公園（ともに指定見学場）でのロケット打ち上げ見学の様子。（種子島観光協会）

Column　宇宙科学技術館で打ち上げをいつでも体験！

種子島宇宙センター内にある宇宙科学技術館は、ロケットや人工衛星、国際宇宙ステーション、天体・惑星など宇宙開発におけるさまざまな分野について、実物大モデルやゲームなどを使って展示・紹介しています。

「リフトオフシアター」は大型の壁面スクリーンと床面映像、音やスモークで、大迫力のロケット打ち上げを臨場感たっぷりに体験できます。

宇宙科学技術館のリフトオフシアター。（JAXA）

【巻末特集】もっと宇宙に親しもう！②

国立天文台・三鷹キャンパスを見学しよう！

日本の天文観測の聖地・三鷹

国立天文台の三鷹キャンパスは、東京都三鷹市にあります。国立天文台の本部であり、国内外の国立天文台の観測施設の統括、天文学研究、新しい観測装置の開発、大学院生の教育などを行っています。

国立天文台の前身である東京帝国大学附属東京天文台は、1888(明治21)年に東京・麻布に設置されました。三鷹に移転したのは1924(大正13)年、関東大震災の翌年です。キャンパス内には、移転当時の面影を残す大正から昭和初期の貴重な建物や望遠鏡が点在しています。

キャンパス内の一部の施設は、少人数でなら事前の予約なしに見学ができます(12月28日〜1月4日を除く毎日午前10時〜午後5時。入場無料。「三鷹・星と宇宙の日」など見学中止の日もあり)。見学コースの中から、おすすめの施設を紹介しましょう。

天文台歴史館

もともと大赤道儀室と呼ばれていた、天体観測用の巨大な建物です。1926(大正15)年に完成しました。木製のドームが歴史を感じさせます。現在は、観測は行っておらず、国立天文台の歴史を伝えるための展示施設となっています。また、国の登録有形文化財に指定されています。

最大の見どころは、口径65cm、筒の長さ10m超の、日本最大の屈折望遠鏡です。ドイツのカールツァイス社製で、1929(昭和4)年の完成から1998(平成10)年まで70年近くも活躍しました。

(左)天文台歴史館の外観。(右)65cm屈折望遠鏡。(国立天文台)

6mミリ波電波望遠鏡

6mミリ波電波望遠鏡(国立天文台)

1970年に完成した、世界で3番目、国内では初の本格的なミリ波(ミリメートルの波長の電波)を観測する電波望遠鏡です。アミノ酸の原料のひとつであるメチルアミンを宇宙空間に初めて検出するなど画期的な成果を挙げ、日本の電波天文学の黎明期を支えました。野辺山45メートル電波望遠鏡(120ページ)のお母さん、アルマ望遠鏡(124ページ)のおばあさんにあたる電波望遠鏡です。

4D2Uドームシアター

4D2Uドームシアター(国立天文台)

4D2Uとは、空間3次元と時間1次元を合わせた4次元宇宙をデジタルデータで可視化したものです。スーパーコンピュータによるシミュレーション研究の成果、たとえば「銀河の誕生から現在まで」などを、直径10mのドームスクリーンに広がる全天周立体映像で投影しています(視聴はインターネットでの事前予約制)。

定例観望会と特別公開

国立天文台三鷹では毎月2回、定例の天体観望会を開催しています(2023年8月時点では第2土曜日の前日の金曜日がオンライン公開配信、第4土曜日が申込抽選制の現地開催)。天体望遠鏡を覗いて惑星などを見たり、学生スタッフによる天体の解説を聞いたりすることができます。

また毎年10月には、三鷹キャンパスの特別公開「三鷹・星と宇宙の日」が実施されます(当日は一般見学は休み)。普段は一般に公開されていない研究施設を公開し、研究内容の展示や講演会が開催され、研究者・技術者らと直接触れ合うことができます。

定例観望会や特別公開の開催詳細は、国立天文台の公式サイト(https://www.nao.ac.jp/)から確認してください。

おわりに

平松正顕さんからのメッセージ

「星々の中を動く地球に、僕は貼りついて生きている」

博士論文の提出が迫った2007年の末、疲労困憊の中で国立天文台の構内を歩きながら、ふとオリオン座を見上げた時に、そんな感覚に襲われました。天文学の研究をしていて、宇宙の中での地球の位置を知っていても、それを実感する場面はほとんどありません。追い詰められた精神状態が反映された不思議な感覚だったのかもしれません。

昔から私たち人類は、はるかな宇宙に思いをはせ、望遠鏡をのぞき、探査機を送りこみ、コンピュータで計算し、そして頭で考えることによって、驚きに満ちた宇宙の様子を明らかにしてきました。これを導いてきたのは、「そこに何があるんだろう? 見てみたい! 行ってみたい! 理解したい!」という好奇心です。

私も小学生くらいのころから、最初は星座と神話の本、やがてさまざまな銀河の写真やビッグバンの不思議な話に触れることで、広大な宇宙への好奇心が育ってきました。国立天文台野辺山宇宙電波観測所での観測実習で、星が生まれる現場を電波で観測することのおもしろさに目覚め、ペルセウス座やカメレオン座などで次々生まれる星たちの様子を大きな電波望遠鏡で観測し、現在に至ります。

標高5000mのアルマ望遠鏡山頂施設、アルマ望遠鏡のロゴマーク横で撮影(2018年9月)。南半球は冬、防寒のために厚着をして、高山病対策のために義務となっている酸素吸入も常時している。

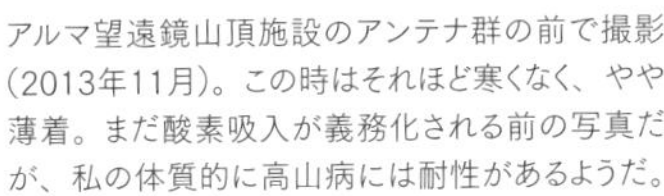

アルマ望遠鏡山頂施設のアンテナ群の前で撮影(2013年11月)。この時はそれほど寒くなく、やや薄着。まだ酸素吸入が義務化される前の写真だが、私の体質的に高山病には耐性があるようだ。

今は天文学の研究そのものというより、観測環境の保護や天文学研究の広報を通して、天文学の持続可能性を維持する仕事がメインですが、根っこには天文学に魅せられた子どものころからの想いがあります。

この本には、私も含めて多くの人を引きつける宇宙の話題が詰まっています。この本を読んで、そして星空を眺めて、皆さんも宇宙に想像を膨らませていただければ幸いです。

索引

英数字

あ 行

か 行

さ 行

た 行

な 行

監修

寺薗淳也（てらぞのじゅんや）… プロローグ、1章、2章担当

1967年東京都生まれ。名古屋大学理学部卒。東京大学大学院理学系研究科博士課程中退。宇宙開発事業団、宇宙航空研究開発機構（JAXA）、日本宇宙フォーラム、会津大学などを経て、現在、合同会社ムーン・アンド・プラネッツ代表社員。有限会社ユニバーサル・シェル・プログラミング研究所上級UNIXエバンジェリスト。専門は惑星科学、情報科学。1998年より、月・惑星の知識や探査計画を紹介する「月探査情報ステーション」の編集長を務め、NHKほかメディアへの出演経験も豊富。主な著書に『惑星探査入門』（朝日新聞出版）、『宇宙開発の不都合な真実』（彩図社）、『2025年、人類が再び月に降り立つ日』（祥伝社新書）など。「月探査情報ステーション」https://moonstation.jp

平松正顕（ひらまつまさあき）… プロローグ、3章、4章、5章担当

1980年岡山県生まれ。国立天文台 台長特別補佐、天文情報センター 周波数資源保護室室長。総合研究大学院大学 物理科学研究科 天文科学専攻 講師（併任）。東京大学大学院理学系研究科天文学専攻博士課程修了。博士（理学）。専門は電波天文学、星形成、天文学・科学コミュニケーションなど。アルマ望遠鏡の広報業務を長く務める。また、講演や月刊『星ナビ』（アストロアーツ）での連載、「一家に1枚 宇宙図」の作成など、天文学に関するコミュニケーション活動を積極的に行うほか、天文観測に適した環境の保全にも取り組んでいる。主な著書に『宇宙はどのような姿をしているのか』（ベレ出版）など。

STAFF

本文デザイン・DTP　西田美千子
イラスト　KOH BODY、浜畠かのう
校正　株式会社鷗来堂
編集執筆協力　中村俊宏
編集担当　梅津愛美（ナツメ出版企画株式会社）

本書に関するお問い合わせは、書名・発行日・該当ページを明記の上、
下記のいずれかの方法にてお送りください。電話でのお問い合わせはお受けしておりません。
・ナツメ社webサイトの問い合わせフォーム　https://www.natsume.co.jp/contact
・FAX（03-3291-1305）
・郵送（下記、ナツメ出版企画株式会社宛て）
なお、回答までに日にちをいただく場合があります。正誤のお問い合わせ以外の書籍内容に関する
解説・個別の相談は行っておりません。あらかじめご了承ください。

知れば知るほどロマンを感じる！　宇宙の教科書

2023年11月6日　初版発行

監修者　寺薗淳也（てらぞのじゅんや）
　　　　平松正顕（ひらまつまさあき）
発行者　田村正隆
発行所　株式会社ナツメ社
東京都千代田区神田神保町1-52　ナツメ社ビル1F（〒101-0051）
電話 03-3291-1257（代表）　FAX 03-3291-5761
振替 00130-1-58661
制　作　ナツメ出版企画株式会社
東京都千代田区神田神保町1-52　ナツメ社ビル3F（〒101-0051）
電話 03-3295-3921（代表）
印刷所　ラン印刷社

ISBN978-4-8163-7447-0